· 语文阅读推荐

中国传统家训选

赵伯陶／选注

人民文学出版社

图书在版编目（CIP）数据

中国传统家训选/赵伯陶选注.—北京：人民文学出版社，2018
（2020.8 重印）
（语文阅读推荐丛书）
ISBN 978-7-02-014255-2

Ⅰ.①中… Ⅱ.①赵… Ⅲ.①家庭道德—中国—青少年读物 Ⅳ.①B823.1-49

中国版本图书馆 CIP 数据核字（2020）第 137460 号

责任编辑　胡文骏　董岑仕
装帧设计　李思安　崔欣晔
责任印制　徐　冉

出版发行　人民文学出版社
社　　址　北京市朝内大街 166 号
邮政编码　100705
网　　址　http://www.rw-cn.com

印　　刷　北京华宇信诺印刷有限公司
经　　销　全国新华书店等

字　　数　202 千字
开　　本　650 毫米×920 毫米　1/16
印　　张　16.5　插页 1
印　　数　39001—40000
版　　次　2018 年 6 月北京第 1 版
印　　次　2020 年 8 月第 7 次印刷

书　　号　978-7-02-014255-2
定　　价　24.00 元

如有印装质量问题，请与本社图书销售中心调换。电话：010-65233595

目　次

导读 ·· 1

前言 ·· 1

史籍笔记中的故事家训

《韩诗外传》：天道亏盈而益谦 ·· 3
《列女传》：孟母三迁与断织 ·· 6
《后汉书》：画虎不成反类狗 ·· 9
《三国志》：大雅君子恶速成 ··· 12
《三国志》：勿以恶小而为之 ··· 15
《隋书》：所遗子孙，在于清白 ·· 18
《旧唐书》：若其不能忠清，何以戴天履地 ························· 20
《旧唐书》：纤瑕微累，十手争指 ······································ 23
《新唐书》：毋令后人笑吾 ·· 30
《能改斋漫录》：包孝肃公家训 ·· 33
《水东日记》：陆放翁家训 ·· 35
《戒庵老人漫笔》：郑端简公训子语 ··································· 43

家书尺牍中的教诲家训

刘向：吊者在门，贺者在闾 ··· 47

诸葛亮：诫子书 …………………………………… *50*

诸葛亮：诫外生书 ………………………………… *52*

陶渊明：与子俨等疏 ……………………………… *54*

萧纲：诫当阳公大心书 …………………………… *60*

元稹：诲侄等书 …………………………………… *62*

郑燮：淮安舟中寄舍弟墨 ………………………… *69*

郑燮：范县署中寄舍弟墨第四书 ………………… *72*

郑燮：潍县署中寄舍弟墨第一书 ………………… *78*

郑燮：潍县署中寄舍弟墨第三书 ………………… *83*

袁枚：与香亭 ……………………………………… *87*

纪昀：寄内子（论教子） ………………………… *96*

林则徐：训三儿拱枢（训诫专心读书） ………… *98*

曾国藩：谕纪泽 …………………………………… *101*

曾国藩：谕纪泽纪鸿 ……………………………… *108*

曾国藩：谕纪瑞 …………………………………… *112*

曾国藩：致沅弟书 ………………………………… *116*

胡林翼：致保弟（谈读史之法） ………………… *119*

彭玉麟：谕子（示刚柔之道） …………………… *121*

彭玉麟：致弟（劝知足） ………………………… *124*

文人别集中的散行家训

司马光：单者易折，众者难摧 …………………… *131*

司马光：训俭示康 ………………………………… *135*

苏辙：古今家诫叙 ………………………………… *144*

朱熹：家训 ………………………………………… *148*

张养浩：家训 ……………………………………… *151*

王守仁：示弟立志说乙亥 ………………………… *154*

杨继盛：赴义前一夕遗属（二首其二） ………… *161*

张英：终身让路，不失尺寸 …………………………………… 164
彭端淑：为学一首示子侄 …………………………………… 168

专书总集中的传世家训

《颜氏家训》：齐人教子之谬 ………………………………… 173
《颜氏家训》：施而不奢，俭而不吝 ………………………… 175
《颜氏家训》：自求诸身 ……………………………………… 177
《颜氏家训》：读书致用 ……………………………………… 181
《颜氏家训》：不可偏信一隅 ………………………………… 186
《颜氏家训》：学问有利钝 …………………………………… 188
《颜氏家训》：名之与实 ……………………………………… 191
《颜氏家训》：士君子之处世，贵能有益于物 ……………… 193
《颜氏家训》：欲不可纵，志不可满 ………………………… 200
《钱氏家训》：心术不可得罪于天地 ………………………… 202
《戒子通录》：欧阳文忠公书示子 …………………………… 205
《戒子通录》：范纯仁戒子弟言 ……………………………… 208
《戒子通录》：梁焘家庭谈训 ………………………………… 209
《袁氏世范》：善为人子者，常善为人父 …………………… 211
《袁氏世范》：骨肉失欢 ……………………………………… 213
《袁氏世范》：操履与升沉 …………………………………… 214
《袁氏世范》：处己接物四心 ………………………………… 216
《袁氏世范》：建宅与卖宅 …………………………………… 218
《了凡四训》：日日改过 ……………………………………… 220
《了凡四训》：改过之法 ……………………………………… 223
《了凡四训》：积善之方 ……………………………………… 231
《了凡四训》：谦德之效 ……………………………………… 234
《朱子治家格言》：善欲人见，不是真善 …………………… 239

3

后记 ………………………………………… 243

知识链接 ……………………………………… 244

导　读

　　家庭作为社会的细胞,家庭风气与社会风气之间有着互为因果的关系,中国古人对此早有深刻的认识,儒家经典《礼记·大学》总结为"修身、齐家、治国、平天下",将个人的道德品质、家庭风气与治国、平天下联系起来。家训就是古人"齐家"的一种重要手段。所谓家训,是指家庭或家族的尊长在为人处世方面对子弟的训诫之辞。好的家训,不仅凝聚着作者甚至数代人的人生体验、人生智慧,还体现着中华民族传统的道德观念、人格理想乃至社会理想;它们训诫、教诲的对象,早已超越了一家一族的范围,成为传统社会广泛流行、普遍接受的道德、行为准则,直接规范着人们的日常生活,参与塑造着中华民族的民族精神和民族性格。

　　中国传统家训中蕴含的内容十分丰富,归根结底,它们是儒家精神在不同时代、地域的种种世俗化体现。随着时代的发展,其中部分内容自然已经失去了意义,但其主体部分无疑是中华文明数千年来修身、齐家的成功经验,经得住时光的淘洗。诸如对道德修养的强调,对名节家声的重视,对清正廉洁的要求,在今天的精神文明建设和家风、政风建设中仍有积极的、正面的意义。

　　20世纪80年代以来,家训的整理、研究方兴未艾,出现了不少选本。由赵伯陶先生选注的《中国传统家训选》,是一个值得推荐的优秀选本。它具有以下优点：

一、选目基本反映了中国传统家训发展的历程。本书选文六十四篇，始于《周公诫伯禽语》，殿以晚清彭玉麟的《致弟》书，跨度涵盖了各个历史时期，颜之推的《颜氏家训》、袁采的《袁氏世范》、袁了凡的《了凡四训》和郑燮、曾国藩的家书是选录的重点，选篇数量也反映了不同时期的家训的数量与质量。

二、选篇兼顾各种体裁，大致反映了家训的整体面目。本书的《前言》中指出："传统家训的名称或体裁多样，庭训、庭诰、家诫、家范乃至家书、遗嘱、诗歌等，尽可包罗在内，文体有别，长短不一。"本书除了不收诗歌，广泛涵盖了书籍和短文不同形态的家训、家范以及家书、遗嘱等，便于读者了解家训的不同体裁。

三、注释详明，特别是在字词、典故之外，注重对人名、背景的考索。本书的注释大都数倍于正文，对所选文中的字词、典故以及文中所涉及的各项知识都做出详尽的注释。其中对人名、背景的详细注释是本书一大特色。如注《了凡四训》中"云谷禅师所授立命之说，乃至精至邃，至真至正之理，其熟玩而勉行之，毋自旷也"一句，选注者不但一一解释字词，还重点注释了"云谷禅师"是什么样的人，"立命之说"是什么样的学说，使读者对袁了凡融合儒、释的家训精神有真正的了解。又如林则徐《训三儿拱枢》，选注者除了对林则徐有较详细的介绍之外，对收信人林拱枢也做了较详细的介绍，如此使读者对家训的背景乃至其效果都能有较清楚的认识。这也是本书有别于坊间选本的一个突出特点。

四、选注者于每篇之后都有一点评，对每篇内容提纲挈领，点出其意义、价值所在，如所选曾国藩《谕纪泽》一文是较长的家训文字，选注者在点评中先指出"这篇训子家书学术性极强，绝非一般的泛泛而论，字里行间渗透着父亲对儿子的殷殷期许"，然后分析了本文的学术性——对《汉书》难点、特点的详细评说，指出其

"细加评说,举重若轻,如数家珍","反映了曾国藩治学厚积薄发的内蕴",同时也不离家训以立身处世为主的特点,指出"书信之末对官宦人家子弟'骄''奢'二字的分剖,言简意赅,切中时弊,对于今天也有极高的认识价值",使读者对本文的意义、价值有全面的认识。

通过本书,读者可以管中窥豹,能对中国传统家训的精华部分有较广泛、深入的了解,也会对个人的立身处世有指导、借鉴之效。

裴　喆

前　言

　　作为中国优秀传统文化的重要组成部分之一，家训文化是儒家思想在一个家庭或一个族群绵延发展中的具体体现，历代读书人"修齐治平"理想的实践一般都是从其各自的家庭教育开始启程的。《易·坤·文言》有云："积善之家，必有馀庆；积不善之家，必有馀殃。"教"善"与行"善"，始终是中国传统家训文化中的重要内容，农耕社会甚至流传有这样的古训："道德传家，十代以上；耕读传家次之；诗书传家又次之；富贵传家，不过三代。"所谓"富不过三代"，至今仍占有相当大的舆论市场，可见道德传家在中国人心目中牢不可破的地位。旧时官宦人家或书香门第的临街大门上常镌刻有"忠厚传家久，诗书继世长"或"荆树有花兄弟乐，书田无税子孙耕"一类的联语，就充分体现了中国人以道德传家、诗书传家的思维定势。

　　《晋书》卷七九《谢安传》有一段谢安与谢玄叔侄间的对话，发人深省："(谢玄)少颖悟，与从兄朗俱为叔父安所器重。安尝戒约子侄，因曰：'子弟亦何豫人事，而正欲使其佳？'诸人莫有言者。玄答曰：'譬如芝兰玉树，欲使其生于庭阶耳。'"古人希望其后人克绍箕裘以继承祖业而外，更希望能够超越自己，有鹏程万里的前途。宋苏辙《古今家诫叙》有云："父母之于子，人伦之极也。虽其

1

不贤,及其为子言也必忠且尽,而况其贤者乎?"然而其兄苏轼对此却有另类表达:"人皆养子望聪明,我被聪明误一生。惟愿孩儿愚且鲁,无灾无难到公卿。"(《洗儿戏作》)这当然属于对自己遭遇宋廷待遇不公的激愤与调侃兼而有之之言,不是真实的心理传达。《新唐书》卷九六《房玄龄传》谓传主:"治家有法度,常恐诸子骄侈,席势凌人,乃集古今家诫,书为屏风,令各取一具。曰:'留意于此,足以保躬矣。汉袁氏累叶忠节,吾心所尚,尔宜师之。'"将传家诫训写于屏风,而于古人坐卧皆可见屏风,其耳濡目染之效,可想而知。

《汉书》卷六六《陈万年传》:"万年尝病,召咸教戒于床下,语至夜半,咸睡,头触屏风。万年大怒,欲杖之,曰:'乃公教戒汝,汝反睡,不听吾言,何也?'咸叩头谢曰:'具晓所言,大要教咸谄也。'万年乃不复言。"这就是有名的陈万年教子故事。这位御史大夫并非奸佞,只不过善于疏通上下级关系并得以取巧而已,他因此获得美官,这在人治社会自有其迫不得已的苦衷。陈万年以谄事公卿为传家秘诀教子,大约也是望子成龙的心理因素使然;其子陈咸入仕后偏偏反其父之道而行之,以"抗直"立朝,当属于性格因素作怪。陈咸在官场吃尽苦头,最终"以忧死",恰与其父之善终形成对比。可见道德传家在一定程度上会受到个人性格与社会诸多因素的制约,实践起来绝非畅通无阻。

家庭作为社会细胞,酝酿了家训的产生;族群作为社会的血缘团体,又是族训产生的土壤。狭义而言,家训就是家长在立身处世为学等方面对子孙的教诲;但从广义上理解,家训也当包括兄弟之间的激励切磋。而族训更是扩大了的家训,两者可视为同类。历史上的家训文化与儒家文化的有机结合,堪称相辅相成,在维护帝王统治与社会稳定上具有不可或缺的作用。这是家训文化在历代蓬勃兴盛的有力保证。

一般而言，家训属于古人有意为之下的产物。明宋濂《文宪集》卷一〇《杨氏家传》谓杨粲："粲性孝友，安俭素，治政宽简，民便之。复大修先庙，建学养士。作《家训》十条曰：尽臣节，隆孝道，守箕裘，保疆土，从俭约，辨贤佞，务平恕，公好恶，去奢华，谨刑罚。论者多之。"明杨士奇《东里集续集》卷一三《余氏族谱序》："西融生南昌令仁，南昌笃于行义，尝为《家训》曰：读书起家之本，循理保家之本，勤俭治家之本，和顺齐家之本。至今乡人取以为法。"清初蒲松龄曾为友人撰述《为人要则》，包括正心、立身、劝善、徙义、急难、救过、重信、轻利、纳益、远损、释怨、戒戏十二项内容，其前有小序云："王八垓兄有感于世情之薄，命十二题属余为文，以教子弟，亦见其忧患之心也。遂率撰之。"所谓"以教子弟"，当属于求人代作家训，其目的也无非是古人对于"绵绵瓜瓞""五世其昌"的企盼。明曹端《曹月川集》有《续家训》诗云："修身岂止一身休，要为儿孙后代留。但有活人心地在，何须更问鬼神求。"简括地道出了家训撰述的缘由。

传统家训的名称或体裁多样，庭训、庭诰、家诫、家范乃至家书、遗嘱、诗歌等，尽可包罗在内，文类有别，长短不一；传统家训的内容非常丰富，包括修身、治家、立志、勉学、处世以及节义等，总起来说就是讲做人的道理。本选本除不选诗歌外，所选文则长短不拘，皆属管中窥豹。

历史上的家训，或仅见于史籍笔记，具有一定的叙事功能或故事性；或散见于文人别集，作为单篇文章存世；或以专书、总集传世，如《颜氏家训》《戒子通录》等。至于家书尺牍，在文类上本与文人的单篇文章同一，但作为家训的家书在人们心目中往往有其独特性，所以本书共分为四类厘选历代家训，分别为史籍笔记中的故事家训、家书史牍中的教诲家训、文人别集中的散行家训、专书总集中的传世家训。本选本以《韩诗外传》中"周公诫伯禽语"的先秦文为第一篇,据说这是我国有文字记录的较早家训。限于篇幅,本书作为普及选本,选文不可能面面俱到,挂一漏万,在所难免。选有关家训之作六十四篇(则),不过尝鼎一脔,略知其味而已。至于注释,原拟从简,但古人行文引经据典,往往与儒家思想水乳交融,不明其出处,有时就难以体味其中的确切蕴含。至于选文中所涉及的"今典"如人物亲属相互关系问题,也不能掉以轻心乃至大而化之,否则就可能难以体味个中旨趣,甚至郢书燕说。

选注者学识有限,本书之选文、注释与点评不妥甚至谬误之处在所难免,尚祈广大读者不吝赐教。

赵伯陶
2017 年 10 月 29 日

史籍笔记中的故事家训

天道亏盈而益谦[1]

《韩诗外传》

往矣！子无以鲁国骄士[2]。吾，文王之子[3]，武王之弟[4]，成王之叔父也[5]，又相天子[6]，吾于天下亦不轻矣。然一沐三握发，一饭三吐哺，犹恐失天下之士[7]。吾闻德行宽裕[8]，守之以恭者，荣。土地广大，守之以俭者，安。禄位尊盛[9]，守之以卑者，贵。人众兵强，守之以畏者，胜。聪明睿智[10]，守之以愚者，善。博闻强记，守之以浅者，智。夫此六者，皆谦德也[11]。夫贵为天子，富有四海[12]，由此德也。不谦而失天下亡其身者，桀纣是也[13]。可不慎欤？故《易》有一道[14]，大足以守天下，中足以守其国家，近足以守其身，谦之谓也[15]。夫天道亏盈而益谦[16]，地道变盈而流谦[17]，鬼神害盈而福谦[18]，人道恶盈而好谦[19]。是以衣成则必缺衽[20]，宫成则必缺隅[21]，屋成则必加措[22]。示不成者，天道然也。《易》曰："《谦》：亨，君子有终。吉。"[23]《诗》曰："汤降不迟，圣敬日跻。"[24]诚之哉！其无以鲁国骄士也！

注释

〔1〕选自《韩诗外传》卷三第三十一章，是周公教诲其长子伯禽的一段话。题目据正文拟。汉司马迁《史记》卷三三《鲁周公世家》："我文王之子，武王之弟，成王之叔父，我于天下亦不贱矣。然我一沐三捉发，一饭

三吐哺,起以待士,犹恐失天下之贤人。子之鲁,慎无以国骄人。"较上选者为简。周公(?—前1095?),即姬旦,西周政治家。周武王之弟,成王之叔,故又称叔旦。因其采邑在周地(今陕西岐山北),故后世称周公。曾协助武王伐纣灭商,武王死后,又辅佐年幼成王。平定内部叛乱,制订以礼为主要内容的典章制度,其政治理念成为后世儒家的重要思想渊源。伯禽,即姬禽,姬旦长子,周武王姬发之侄,周朝诸侯国鲁国第一任国君。姬旦受封鲁国,以其在镐京辅佐周成王,故派伯禽代其受封鲁国。

〔2〕鲁国:周朝分封之姬姓诸侯国,侯爵,国都曲阜。骄士:谓怠慢、轻视臣僚与各级官吏。

〔3〕文王:即姬昌,公亶父之孙,季历之子,为商末西方诸侯之长,故称西伯昌。曾被商纣王囚于羑里(今河南汤阴北),其子周武王伐商后,追称他为文王。

〔4〕武王:即姬发,周文王子,以贤良为臣。因商王纣淫乱,武王起兵伐纣,商亡。姬发遂成周朝第一代王。

〔5〕成王:即姬诵(前1055—前1021),周武王之子,西周王朝第二位君主。周成王继位时年幼,由周公旦辅政,平定三监之乱。周成王与其子周康王统治期间,社会安定、百姓和睦,史有"成康之治"的美誉。

〔6〕相(xiàng象):辅助。

〔7〕"然一沐"三句:据说周公辅佐成王,唯恐失天下贤才,曾在一次洗头中,三次停止而握起头发接见客人;又曾在一顿饭中,三次吐出含在口中的食物接待访人。形容礼贤下士,求才心切。哺(bǔ补),口中所含的食物。士,智者、贤者。

〔8〕宽裕:宽大;宽容。

〔9〕禄位:俸给与爵次。尊盛:位高势盛。

〔10〕睿(ruì瑞)智:聪慧;明智。

〔11〕谦德:谦虚、俭约之德。

〔12〕四海:犹言天下,全国各处。

〔13〕桀(jié节)纣(zhòu宙):即夏桀与商纣。前者名履癸,夏代最后一个君主。后者名受,亦称帝辛,商代最后一个君主,相传两者皆为暴君。

〔14〕《易》:书名,古代卜筮之书。有《连山》《归藏》《周易》三种,合称三《易》,今仅存《周易》,简称《易》。一道:同一道理。

〔15〕谦:《易》六十四卦之一,艮下坤上。

〔16〕"夫天道"句:语出《易·谦·彖辞》,大意是:天之道减少满的而增加虚的。天道,犹天理,天意。

〔17〕"地道"句:语出《易·谦·彖辞》,大意是:地之道改变满的而流向不满的。地道,大地的特征和规律。

〔18〕"鬼神"句:语出《易·谦·彖辞》,大意是:鬼神损害满的而加福荫于虚的。鬼神,鬼与神的合称。

〔19〕"人道"句:语出《易·谦·彖辞》,大意是:人之道憎恶满的而爱好虚的。人道,为人之道,指一定社会中要求人们遵循的道德规范。

〔20〕缺衽(rèn 认):谓衣成有意缺襟,示有缺陷,以启迪为人应谦逊自持,不当自满。

〔21〕缺隅(yú 鱼):宫成有意缺角,表示留有缺陷,不敢自满。

〔22〕措:这里当作"搁置"义。

〔23〕"《易》曰"数句:语出《易·谦》,大意是:《谦》卦:通顺,君子谦让就有好的结果。

〔24〕"《诗》曰"三句:语出《诗·商颂·长发》,大意是:成汤的出生适逢其时,圣明谦敬每日有所进步。

点评

　　据传此篇是较早的有文字记录的家训。全篇以"谦"立意,反复陈说,六种"谦德"的排比,包容甚广,言简意赅。周公训子语重心长,教育伯禽不以一国之君的尊崇地位而轻视天下贤才,且现身说法,求贤若渴之心态,画然如见。

孟母三迁与断织[1]

《列女传》

邹孟轲之母也[2],号孟母,其舍近墓。孟子之少也,嬉游为墓间之事[3],踊跃筑埋[4]。孟母曰:"此非吾所以居处子也。"乃去舍市傍[5],其嬉戏为贾人衒卖之事[6]。孟母又曰:"此非吾所以居处子也。"复徙舍学宫之傍[7],其嬉游乃设俎豆揖让进退[8]。孟母曰:"真可以居吾子矣。"遂居之。及孟子长,学六艺[9],卒成大儒之名[10]。君子谓孟母善以渐化。《诗》云:"彼姝者子,何以予之?"[11]此之谓也。

孟子之少也,既学而归,孟母方绩,问曰:"学何所至矣?"孟子曰:"自若也[12]。"孟母以刀断其织。孟子惧而问其故,孟母曰:"子之废学,若吾断斯织也。夫君子学以立名,问则广知,是以居则安宁,动则远害。今而废之,是不免于厮役[13],而无以离于祸患也。何以异于织绩而食,中道废而不为,宁能衣其夫子[14],而长不乏粮食哉!女则废其所食,男则堕于修德,不为窃盗,则为虏役矣[15]。"孟子惧,旦夕勤学不息,师事子思[16],遂成天下之名儒。君子谓孟母知为人母之道矣。《诗》云:"彼姝者子,何以告之?"[17]此之谓也。

注释

〔1〕选自《列女传》卷一《母仪传》。原题"邹孟轲母",今题据正文拟。汉代刘向著《列女传》,但今本《列女传》为经过后代重编、改动后的一部书籍。

〔2〕邹孟轲:即孟子(约前372—前289),名轲,字子舆,战国邹(治今山东邹城市东南)人。受业于子思的门徒,继承孔子学说。

〔3〕嬉(xī 希)游:游乐;游玩。

〔4〕踊跃:犹跳跃。筑埋:筑穴埋葬。

〔5〕市:古代临时或定期集中一地进行贸易活动的场所。

〔6〕贾(gǔ 古)人:商人。衒(xuàn 绚)卖:叫卖。

〔7〕徙(xǐ 喜):移居。学宫:学校。

〔8〕俎豆:俎和豆,古代祭祀、宴飨时盛食物用的两种礼器。这里泛指各种礼器。揖让:宾主相见的礼仪。进退:指进与退的礼仪礼节。

〔9〕六艺:古代教育学生的六种科目。

〔10〕大儒:儒学大师。

〔11〕"《诗》云"三句:语出《诗·鄘风·干旄》。大意为:那美好的女子,我用什么东西来赠予她。这里引用《干旄》,断章取义地借以表达对孟母的赞美。

〔12〕自若:谓一如既往,依然如故。

〔13〕厮役:旧称干杂事劳役的奴隶。

〔14〕衣(yì 义):谓给人穿上衣服。

〔15〕虏役:奴隶;奴仆。

〔16〕子思:即孔伋(前483?—前402),字子思,孔子之子孔鲤的儿子,孔子儒家思想学说由其高足曾参传子思,子思的门人再传孟子。

〔17〕"《诗》云"三句:语出《诗·鄘风·干旄》。大意为:那美好的女子,我能向她说什么。再次引用《干旄》,也是为了表达对孟母的赞美。

点评

近朱者赤,近墨者黑,客观环境对于人的影响巨大,甚至起决定性作用。孟母三迁的故事告诉我们防微杜渐的道理,取义深刻。方向既定,持之以恒就是人生成功的关键,孟母断织的故事告诉我们刻苦勤学、坚持到底的毅力不可或缺。

画虎不成反类狗[1]

《后汉书》

初,兄子严、敦并喜讥议[2],而通轻侠客[3]。援前在交阯[4],还书诫之曰:

吾欲汝曹闻人过失[5],如闻父母之名,耳可得闻,口不可得言也。好论议人长短,妄是非正法[7],此吾所大恶也[8],宁死不愿闻子孙有此行也。汝曹知吾恶之甚矣,所以复言者,施衿结褵[9],申父母之戒[10],欲使汝曹不忘之耳。龙伯高敦厚周慎[11],口无择言[12],谦约节俭[13],廉公有威[14],吾爱之重之,愿汝曹效之。杜季良豪侠好义[15],忧人之忧,乐人之乐,清浊无所失[16]。父丧致客[17],数郡毕至。吾爱之重之,不愿汝曹效也。效伯高不得,犹为谨敕之士[18],所谓刻鹄不成尚类鹜者也[19]。效季良不得,陷为天下轻薄子[20],所谓画虎不成反类狗者也[21]。讫今季良尚未可知[22],郡将下车辄切齿[23],州郡以为言[24],吾常为寒心[25],是以不愿子孙效也。

注释

〔1〕选自南朝宋范晔撰《后汉书》卷二四《马援传》。选文中的书信,又题马援《诫兄子严敦书》。马援(前14—49),字文渊,东汉扶风(今陕西兴平西北)人。先仕王莽,后辅佐汉光武帝刘秀,历陇西太守,拜伏波

将军。马援六十馀岁尚带军出征,病卒于军旅。马援有三位兄长:马况、马余、马员。

〔2〕兄子严敦:即马严、马敦,皆为马余之子。讥议:谓讥评非议时政。

〔3〕通轻侠客:谓与轻生重义的侠客交往。

〔4〕交阯(zhǐ 址):又作"交趾"。原为古地区名,泛指五岭以南。汉光武帝建武十七年(41)。交阯女子徵侧与其女弟徵贰谋反,马援奉命征讨,于建武十九年(43)正月凯旋,被封新息侯。

〔5〕汝曹:你们。

〔7〕妄是非正法:意谓对于政治、法度妄加议论评判。是非,指评论是非。

〔8〕大恶(wù 误):即深恶痛绝。

〔9〕施衿:古代婚礼仪式之一。女子出嫁时,其母为之整衿。后用以称女子出嫁。结褵(lí 离):古代嫁女的一种仪式。女子临嫁,母为之系结佩巾,以示至男家后奉事舅姑,操持家务。

〔10〕申:申述,表明。

〔11〕龙伯高:即龙述(前1—88),京兆(今陕西西安市)人。初为山都长,后为零陵(今湖南永州)太守,史有"在郡四年,甚有治效","孝悌于家,忠贞于国,公明莅临,威廉赫赫"等美誉。敦厚:诚朴宽厚。周慎:周密谨慎。

〔12〕口无择言:谓出口皆合道理,无需选择。

〔13〕谦约:谦慎检束。

〔14〕廉公有威:清廉公正有威望。

〔15〕杜季良:即杜保(生卒年不详),字季良,京兆(今陕西西安市)人。官越骑司马,以"为行浮薄,乱群惑众"为仇家所告,终于被汉光武帝罢官。

〔16〕清浊:比喻人事的优劣、善恶、高下等。

〔17〕致客:谓招致吊丧的客人。

〔18〕谨敕(chì 赤):谨慎自饬。

〔19〕刻鹄(hú 胡)不成尚类鹜(wù 务):意谓模仿虽不到位,却能得其大概。鹄,通称天鹅。似雁而大,颈长,飞翔甚高,羽毛洁白。鹜,家鸭,羽毛白色或花褐色,不能飞翔。

〔20〕轻薄子:轻佻浮薄的人。

〔21〕画虎不成反类狗:意谓模仿失败,完全走样。

〔22〕讫(qì 器)今:至今。讫,通"迄"。

〔23〕郡将:郡守,即郡的长官。下车:古人称初即位或到任为"下车"。切齿:齿相磨切,极端痛恨貌。

〔24〕州郡:州和郡的合称,泛指地方上。为言:犹为意。

〔25〕寒心:戒惧,担心。

点评

　　先秦至两汉,侠客盛行,《史记》《汉书》皆有《游侠传》。马援作为长辈,身居官宦,为全家族的利益忧心忡忡,特意致函,巧妙设喻,反复陈说,语重心长中尤显皇权专制下,古人处世谨小慎微的惶恐心态。

大雅君子恶速成[1]

《三国志》

夫人为子之道,莫大于宝身全行[2],以显父母。此三者人知其善,而或危身破家[3],陷于灭亡之祸者,何也?由所祖习非其道也[4]。夫孝敬仁义[5],百行之首[6],行之而立,身之本也。孝敬则宗族安之,仁义则乡党重之,此行成于内,名著于外者矣。人若不笃于至行[7],而背本逐末,以陷浮华焉[8],以成朋党焉[9];浮华则有虚伪之累,朋党则有彼此之患。此二者之戒,昭然著明,而循覆车滋众[10],逐末弥甚,皆由惑当时之誉,昧目前之利故也。夫富贵声名,人情所乐,而君子或得而不处,何也?恶不由其道耳[11]。患人知进而不知退,知欲而不知足,故有困辱之累,悔吝之咎[12]。语曰:"如不知足,则失所欲。"[13]故知足之足常足矣[14]。览往事之成败,察将来之吉凶,未有干名要利[15],欲而不厌[16],而能保世持家[17],永全福禄者也。欲使汝曹立身行己[18],遵儒者之教,履道家之言,故以玄默冲虚为名[19],欲使汝曹顾名思义,不敢违越也。古者盘杅有铭[20],几杖有诫[21],俯仰察焉[22],用无过行[23];况在己名,可不戒之哉!夫物速成则疾亡[24],晚就则善终。朝华之草[25],夕而零落;松柏之茂,隆寒不衰。是以大雅君子恶速成[26],戒阙党也[27]。

注释

〔1〕节选自晋陈寿撰《三国志》卷二七《王昶传》。此原为书信,或题作王昶《诫子侄书》,今题据正文拟。王昶(?—259),字文舒,三国时太原郡晋阳县(今山西太原)人。初为曹丕的文学侍从,因平定诸葛诞有功而升任魏司空。《三国志》撰者陈寿以"开济识度"评价王昶。

〔2〕宝身:珍惜身躯。全行:谓使品行完美无缺。

〔3〕危身:谓危及于身。破家:谓使家庭毁灭。

〔4〕祖习:宗奉学习。

〔5〕孝敬:孝顺父母,尊敬亲长。

〔6〕百行:各种品行。

〔7〕笃(dǔ 睹):专一。至行:卓绝的品行。

〔8〕浮华:谓讲究表面的华丽或阔气,不务实际。

〔9〕朋党:谓同类的人以恶相济而结成的集团。

〔10〕循:沿着,顺着。覆车:翻车,比喻失败。滋:愈益;更加。

〔11〕"夫富贵"五句:意谓非正道得来的富贵与名声,正人君子不取。语出《孟子·滕文公下》:"古之人未尝不欲仕也,又恶不由其道。不由其道而往者,与钻穴隙之类也。"

〔12〕悔吝:悔恨。咎:罪过;过失。

〔13〕语:谓俗语、谚语或古书中的话。"如不知足"二句:语出《史记·范雎蔡泽列传》:"欲而不知足,失其所以欲;有而不知止,失其所以有。"

〔14〕故知足之足常足矣:语本《老子》第四十六则:"罪莫大于可欲,祸莫大于不知足,咎莫大于欲得。故知足之足,常足。"

〔15〕干名要(yāo 腰)利:求取名位与探求利益。

〔16〕欲而不厌:欲望难以满足。

〔17〕保世:谓保持爵禄、宗族或王朝的世代相传。持家:保持家业。

〔18〕汝曹:你们。行己:谓立身行事。

〔19〕玄默:谓沉静不语。冲虚:恬淡虚静。

〔20〕盘杅(yú 盂):即"盘盂",圆盘与方盂的并称,用于盛物。古代

亦于其上刻文纪功或自励。

〔21〕几杖：坐几和手杖，上均可刻字。

〔22〕俯仰：低头和抬头，引申为一举一动。《后汉书·崔骃传》："远察近览，俯仰有则，铭诸几杖，刻诸盘杅。"

〔23〕用：介词，犹言以，表示凭借或者原因。过行：错误的行为。

〔24〕速成：谓在短期内很快完成事功。

〔25〕朝华：早晨开的花朵。

〔26〕大雅：古代称德高而有大才的人。

〔27〕戒阙党也：意谓以阙党童子为戒。《论语·宪问》："阙党童子将命。或问之曰：'益者与？'子曰：'吾见其居于位也，见其与先生并行也，非求益者也，欲速成者也。'"大意是：阙党的一个童子到孔子处传达消息。有人问孔子："这小孩是肯求上进者吗？"孔子回答："我见他坐在位上毫无顾忌，又见他与长辈并肩而行，这不是求上进者的作为，只不过是个想走捷径的人罢了。"阙党，即阙里，据说为孔子居处，是其讲学之所。

点评

　　古人重视家庭教育，长辈对于晚辈寄予厚望，往往通过书信立为存照，循循善诱。这里面固然有专制社会封建士大夫对于一人犯罪动辄株连全家乃至九族的恐惧，但期望子孙世其家风，光宗耀祖也是重要原因。王昶为其子侄取名也渗透着人文关怀，《三国志》本传谓："其为兄子及子作名字，皆依谦实，以见其意，故兄子默字处静，沈字处道，其子浑字玄冲，深字道冲。"堪称用心良苦。总之，外儒内道的追求，凸显了王昶对于子侄辈的殷切期望。

勿以恶小而为之[1]

《三国志》

朕初疾但下痢耳[2],后转杂他病,殆不自济[3]。人五十不称夭[4],年已六十有馀,何所复恨,但以卿兄弟为念[5]。射君到[6],说丞相叹卿智量甚大[7],增修过于所望[8],审能如此[9],吾复何忧!勉之,勉之!勿以恶小而为之,勿以善小而不为!惟贤惟德,能服于人。汝父德薄[10],勿效之。可读《汉书》《礼记》[11],闲暇历观诸子及《六韬》《商君书》[12],益人意智[13]。闻丞相为写《申》《韩》《管子》《六韬》一通已毕[14],未送,道亡,可自更求闻达[15]。

注释

〔1〕选自晋陈寿撰《三国志》卷三二《先主传》裴松之注引《诸葛亮集》所载录刘备《遗诏》,今题据正文拟。《诸葛亮集》(中华书局,1960年)附录卷一收录此《遗诏》。宋司马光《资治通鉴》卷七〇亦载录,文字较所选者为简,以"汝与丞相从事,事之如父"两语为结。刘禅(shàn 善),字公嗣(207—271),小名阿斗。刘备之子,蜀汉建立后被立为太子,公元223年继位为帝,史称"后主"。蜀汉灭亡,刘禅被迁往洛阳,受封安乐公。刘备(161—223),字玄德,东汉幽州涿郡涿县(今河北省涿州市)人,西汉中山靖王刘胜的后代,三国时期蜀汉开国皇帝,史称"先主"。

〔2〕朕(zhèn镇):秦始皇二十六年(前221)起定为帝王自称之词,沿用至清。下痢:指腹泻。

〔3〕殆:恐怕。自济:这里是渡过难关自我痊愈的意思。

〔4〕夭:短命;早死。

〔5〕卿:古代君对臣、长辈对晚辈的称谓。兄弟:刘备三子,除长子刘禅外,次子刘永,字公寿,蜀汉灭亡迁洛阳,拜奉车都尉,封乡侯;三子刘理,字奉孝,早卒,谥悼王。此外养子刘封,本姓寇,以危不相援致令关羽为东吴擒杀,被刘备降罪赐死。

〔6〕射君:即射援(生卒年不详),司州扶风(今陕西兴平)人,三国时期蜀汉重臣,官至议曹从事中郎军议中郎将,曾与马超、诸葛亮等上书刘备称王。

〔7〕丞相:这里即指诸葛亮。参见本书所选《诫子书》注〔1〕。智量:智慧与气度。

〔8〕增修:谓增益与修养。

〔9〕审:确实。

〔10〕德薄:德行浅薄。这里是刘备自谦的说法。

〔11〕《汉书》:又名《前汉书》,东汉班固撰,是中国第一部纪传体断代史。其体例沿用《史记》而略有变更,记载了上自汉高祖六年(前201),下至王莽地皇四年(23),共220余年的历史。《礼记》:西汉戴圣编纂秦汉以前礼仪著作结集为《礼记》,共四十九篇。

〔12〕诸子:指先秦至汉初的各派学者的著作。《六韬》:又称《太公六韬》《太公兵法》,是中国古代先秦时期著名的黄老道家典籍《太公》的兵法部分。为我国古典军事文化遗产的重要组成部分。《商君书》:也称《商子》,现存26篇,是战国时期法家学派的代表作之一,系商鞅及其后学的著作汇编。

〔13〕意智:犹智慧。

〔14〕《申》:即《申子》,为战国时期法家代表人物申不害(约前395—前337)所著。申不害,郑国京(今河南荥阳东南)人,韩昭侯曾用他为丞相,力主改革,终令韩国强盛。《韩》:即《韩非子》,为战国时期法家韩非

的著作总集。韩非(约前280—前233),战国时期韩国公子,与李斯同学于荀子,喜好刑名法术之学,为法家学派代表人物。《管子》:基本上是稷下道家推尊管仲之作的结集。管仲(前723?—前645),名夷吾,字仲,颍上(今属安徽)人。曾辅助齐桓公,成其霸业。一通:一遍。

〔15〕闻达:显达。

点评

　　古代谚语有"从善如登,从恶如崩"的说法,可见人生行善难,作恶易。本篇作为帝王的家训,"勿以恶小而为之,勿以善小而不为"构成这篇家训的警句,浅显易懂,耐人寻味。

17

所遗子孙,在于清白[1]

《隋书》

(房彦谦)顾谓其子玄龄曰[2]:"人皆因禄富[3],我独以官贫。所遗子孙,在于清白耳。"

注释

〔1〕选自唐魏徵等撰《隋书》卷六六《房彦谦传》,系房彦谦教子之语,今题据正文拟。遗(wèi位):给予。清白:特指廉洁,不贪污。

〔2〕房彦谦(547—615),字孝冲,隋齐州临淄(今山东淄博东北)人。唐代名相梁国公房玄龄之父。玄龄:即房玄龄(579—648),名乔,字玄龄,以字行,房彦谦之子。隋开皇进士,入唐,前后为相二十馀年,尽心奉国,有贤相之称。

〔3〕禄:谓当官的俸禄等收入。

点评

清代官场有所谓"千里为官只为财"的俗谚,其实在专制的封建社会,入仕与发财始终形影难分。《后汉书》卷五四《杨震传》:"性公廉,不受私谒。子孙常蔬食步行,故旧长者或欲令为开产业,震不肯,曰:'使后世称为清白吏子孙,以此遗之,不亦厚乎!'"房彦谦教育其子房玄龄以"清白"传家,与在其前五百多年的东汉杨震的传家之道如出一辙,反映了古代有远见的读书人的坚定信念,对于今天仍有不容忽视的教育意义。

若其不能忠清,何以戴天履地[1]

《旧唐书》

崔玄暐,博陵安平人也。父行谨,为胡苏令[2]。本名晔,以字下体有则天祖讳[3],乃改为玄暐。少有学行[4],深为叔父秘书监行功所器重[5]。龙朔中[6],举明经[7],累补库部员外郎[8]。其母卢氏尝诫之曰:"吾见姨兄屯田郎中辛玄驭云[9]:'儿子从宦者[10],有人来云贫乏不能存,此是好消息。若闻赀货充足[11],衣马轻肥[12],此恶消息。'吾常重此言,以为确论[13]。比见亲表中仕宦者[14],多将钱物上其父母,父母但知喜悦,竟不问此物从何而来。必是禄俸馀资[15],诚亦善事。如其非理所得,此与盗贼何别?纵无人咎[16],独不内愧于心?孟母不受鱼鲊之馈[17],盖为此也。汝今坐食禄俸[18],荣幸已多,若其不能忠清[19],何以戴天履地[20]?孔子云:'虽日杀三牲之养,犹为不孝。'[21]又曰:'父母惟其疾之忧。'[22]持宜修身洁己[23],勿累吾此意也[24]。"玄暐遵奉母氏教诫,以清谨见称[25]。

注释

〔1〕选自后晋刘昫等撰《旧唐书》卷九一《崔玄暐传》。今题据正文拟。崔玄暐(638—706),原名晔,博陵安平(今属河北)人。龙朔中举明经,历官凤阁舍人、中书令,累封博陵郡王。后为武三思构陷,贬白州司

马,道中病卒,谥文献。著有《行己要范》十卷、《友义传》十卷、《义士传》十五卷等。

〔2〕胡苏令:唐平原郡胡苏县(今山东宁津县西南保店镇)县令。

〔3〕"以字下体"句:武则天的祖父武华,仕隋任东都丞。"晔"字之右为"华",与武华名同,在古代属于犯讳,臣属需避。

〔4〕学行:学问品行。

〔5〕秘书监行功:即崔行功(?—674),崔行谨弟,历官吏部郎中、通事舍人、司文郎中、秘书少监,博学多识,著有《崔行功集》六十卷,参与编撰《四部群书》《晋书》等。秘书监,汉代所置掌图书典籍的官员,隋代增设少监为辅佐,唐沿置。

〔6〕龙朔:唐高宗李治年号(661—663)。

〔7〕明经:隋炀帝置明经、进士二科,以经义取者为明经,以诗赋取者为进士。唐代沿袭。

〔8〕库部员外郎:隋唐库部属官。隋唐兵部下设四司,兵部、职方、驾部、库部。唐库部掌军器、仪仗、卤部、法式及乘舆等事。

〔9〕姨兄:姨表兄。屯田郎中:唐代工部屯田司主官,从五品上。辛玄驭:生平不详。

〔10〕从宦:犹言做官。

〔11〕赀(zī资)货:资财货物。赀,通"资"。

〔12〕衣(yì义)马轻肥:穿着轻暖的皮袍,坐着由肥马驾的车。语本《论语·雍也》:"乘肥马,衣轻裘。"后用以形容生活的豪华。

〔13〕确论:精当确切的言论。

〔14〕亲表:泛指亲戚。仕宦:出仕;为官。

〔15〕禄俸:官员的俸给。馀资:馀裕的财物。

〔16〕大咎(jiù旧):大的过错。

〔17〕"孟母"句:三国吴大司空孟仁曾做监池司马的小官,据《三国志》卷四八裴松之注引《吴录》,孟仁"自能结网,手以捕鱼,作鲊寄母,母因以还之,曰:'汝为鱼官,而鲊寄我,非避嫌也。'"孟仁(?—271),字恭武,原名孟宗,后以避吴主孙皓字讳改。鱼鲊(zhǎ眨),用腌、糟等方法加

工的鱼类食品。

〔18〕坐食:谓不劳而食。

〔19〕忠清:忠诚廉正。

〔20〕戴天履地:顶天立地,犹言生于天地之间。

〔21〕"孔子云"三句:语本《孝经·纪孝行章》:"事亲者,居上不骄,为下不乱,在丑不争。居上而骄则亡,为下而乱则刑,在丑而争则兵。三者不除,虽日用三牲之养,犹为不孝也。"三牲,牛、羊、猪,俗谓大三牲。

〔22〕"又曰"二句:语本《论语·为政》:"孟武伯问孝。子曰:'父母唯其疾之忧。'"大意是:做父母的只为孝子的疾病担忧(因为孝子不妄为非,除患病以外,父母无可担忧)。另一说:孝子只为父母的疾病担忧。亦通。

〔23〕修身洁己:陶冶身心,涵养德性,使自己行为端谨,符合规范。

〔24〕累(lèi 泪):累赘,即以其言为多馀、啰唆。

〔25〕清谨:廉洁谨慎。

点评

在中国传统文化中,"母教"的分量极重,本书所选《孟母三迁与断织》也是母教的典范。崔母训子,仕宦以贫苦为乐,打破了升官发财的世俗观念,尽管其中不无为家族长远利益着想的苦心孤诣,但其远见卓识,仍值得今人效法。

纤瑕微累,十手争指[1]

《旧唐书》

(柳)玭尝著书诫其子弟曰:
"夫门地高者,可畏不可恃[2]。可畏者,立身行己[3],一事有坠先训[4],则罪大于他人。虽生可以苟取名位[5],死何以见祖先于地下?不可恃者,门高则自骄,族盛则人之所嫉[6],实艺懿行[7],人未必信,纤瑕微累[8],十手争指矣。所以承世胄者[9],修己不得不恳[10],为学不得不坚。夫人生世,以己无能望他人用,以己无善望他人爱。用爱无状[11],则曰:'我不遇时[12],时不急贤[13]。'亦由农夫卤莽而种[14],而怨天泽之不润[15]。虽欲弗馁[16],其可得乎?

"予幼闻先训,讲论家法[17],立身以孝悌为基[18],以恭默为本[19],以畏怯为务[20],以勤俭为法,以交结为末事[21],以气义为凶人[22]。肥家以忍顺[23],保交以简敬[24]。百行备[25],疑身之未周[26];三缄密[27],虑言之或失。广记如不及[28],求名如傥来[29]。去吝与骄[30],庶几减过[31]。莅官则洁己省事[32],而后可以言守法,守法而后可以言养人[33]。直不近祸[34],廉不沽名[35]。廪禄虽微[36],不可易黎甿之膏血[37];榎楚虽用[38],不可恣褊狭之胸襟[39]。忧与福不偕[40],洁与富不并[41]。比见家门子孙[42],其先正直当官,耿介特立[43],不畏强御[44]。及其衰也[45]，唯好犯上[46]，更无他能。如其先逊顺处己[47]，和柔保身[48]，以远悔尤[49]。及其衰也，但有暗劣[50]，莫知所宗[51]。此际几微[52]，非贤不达[53]。

"夫坏名灾己[54]，辱先丧家[55]，其失尤大者五，宜深志之[56]。其一，自求安逸[57]，靡甘淡泊[58]。苟利于己，不恤人言[59]。其二，不知儒术[60]，不悦古道[61]。懵前经而不耻[62]，论当世而解颐[63]。身既寡知，恶人有学。其三，胜己者厌之[64]，佞己者悦之[65]。唯乐戏谭[65]，莫思古道。闻人之善嫉之，闻人之恶扬之。浸渍颇僻[66]，销刻德义[67]。簪裾徒在[68]，厮养何殊[70]。其四，崇好慢游[71]，耽嗜麴蘖[72]。以衔杯为高致[73]，以勤事为俗流[74]。习之易荒[75]，觉已难悔。其五，急于名宦[76]，昵近权要[77]。一资半级[78]，虽或得之，众怒群猜[79]，鲜有存者[80]。兹五不是[81]，甚于痤疽[82]。痤疽则砭石可瘳[83]，五失则巫医莫及[84]。前贤炯戒[85]，方册具存[86]。近代覆车[87]，闻见相接。夫中人以下[88]，修辞力学者[89]，则躁进患失[90]，思展其用[91]；审命知退者[92]，则业荒文芜[93]，一不足采。唯上智则研其虑[94]，博其闻，坚其习，精其业。用之则行，舍之则藏[95]。苟异于斯，岂为君子！"

初公绰理家甚严[96]，子弟克禀诫训[97]，言家法者，世称柳氏云。

注释

〔1〕选自后晋刘昫等撰《旧唐书》卷一六五《柳公绰传》附《柳玭传》。《全唐文》卷八一六收柳玭《家训》，即此文。今题据正文拟。柳玭（pín贫，生卒年不详），兵部尚书柳公绰之孙，天平节度使柳仲郢之子，京兆华原（今陕西铜川市耀州区）人。以明经补秘书正字，又由书判拔萃转左补阙，历官刑部员外郎、岭南节度副使、御史中丞、吏部侍郎、御史大夫，

贬泸州刺史卒。

〔2〕恃:依赖;凭借。

〔3〕立身:处世、为人。行己:谓立身行事。《论语·公冶长》:"子谓子产有君子之道四焉:其行己也恭,其事上也敬,其养民也惠,其使民也义。"

〔4〕坠:丧失;败坏。先训:同"祖训",谓祖先的遗训。

〔5〕苟取:勉强获取。名位:官职与地位。

〔6〕族盛:谓世族兴盛。

〔7〕实艺:真才实学。懿行:善行。

〔8〕纤瑕:微小的瑕疵,比喻事物的小毛病或人的小过失。微累:微小的牵累。

〔9〕世胄(zhòu 宙):世家子弟;贵族后裔。

〔10〕修己:自我修养。恳:真诚,诚挚。

〔11〕无状:谓无迹象。

〔12〕遇时:谓碰到良好的时机。

〔13〕时不急贤:谓没有急于求贤的时代氛围。

〔14〕由:表原因。这里似为"犹"之音讹。卤莽:苟且;马虎。

〔15〕天泽:上天的恩泽。润:雨水;水。

〔16〕馁(něi 内上声):饥饿。

〔17〕讲论:讲谈论议。家法:治家的礼法。

〔18〕孝悌(tì 替):又作"孝弟",谓孝顺父母,敬爱兄长。

〔19〕恭默:恭敬而沉默慎言。

〔20〕畏怯:害怕。

〔21〕交结:指攀附关系,忙于巴结。末事:非关根本之事;小事。

〔22〕气义:指一味做行侠仗义任性交游之事。《全唐文》改作"弃义",则指不守道义。凶人:给人带来灾祸。

〔23〕肥家:犹治家。语出《礼记·礼运》:"父子笃,兄弟睦,夫妇合,家之肥也。"忍顺:忍耐顺从。

〔24〕保交:保持友谊。简敬:简易而不失互相尊敬。

〔25〕百行备：指即使一个人具有各种美好的品行。

〔26〕疑身之未周：意谓仍要担忧自身行事或有未周全处。

〔27〕三缄（jiān兼）："三缄其口"的略语，即封口三重。缄，封。语出汉刘向《说苑·敬慎》："孔子之周，观于太庙，右陛之侧，有金人焉，三缄其口而铭其背曰：'古之慎言人也。'"后因指言语谨慎，少说或不说话。

〔28〕广记如不及：意谓多方学习，还有唯恐来不及的紧迫感。

〔29〕求名如傥（tǎng烫）来：意谓谋求功名不必在意，若得到也视为偶然侥幸。

〔30〕吝与骄：谓吝啬与骄傲。

〔31〕庶几（jī基）：或许，也许。减过：减少过失。

〔32〕莅（lì立）官：到职；居官。洁己省事：谓自身廉洁，减少事务。

〔33〕养人：教育熏陶他人。

〔34〕直不近祸：谓为官耿直但要避免招祸。

〔35〕廉不沽名：谓为官廉洁但不沽名钓誉。

〔36〕廪（lǐn凛）禄：谓当官的俸禄。

〔37〕易：交换。黎甿（méng盟）：黎民，多指农夫。膏血：犹言民脂民膏。

〔38〕榎（jiǎ假）楚：用榎木荆条制成的刑具，用以笞打。榎，同"槚"，即楸，落叶乔木。古人用榎木荆条之类制成刑具。

〔39〕恣（zì字）：放纵。褊（biǎn匾）狭：指心胸、气量、见识等狭隘。

〔40〕忧与福不偕："福"疑当作"祸"。《新唐书·柳玭传》引，即作"忧与祸不偕"，偕，一起（出现）。

〔41〕洁与富不并：意谓廉洁就不要企图致富。并，兼有。

〔42〕比：近来。家门：指大臣之家。

〔43〕耿介：正直不阿，廉洁自持。特立：谓有坚定的志向和操守。

〔44〕强御：豪强，有权势的人。

〔45〕及其衰也：等到衰微了，指到子孙辈。

〔46〕犯上：冒犯或违抗尊长。

〔47〕逊顺：谦逊恭顺。

〔48〕和柔保身:谓宽和柔顺以保全自身。

〔49〕悔尤:犹怨恨。语本《论语·为政》:"言寡尤,行寡悔,禄在其中矣。"

〔50〕暗劣:愚昧低劣。

〔51〕莫知所宗:意谓不知宗尚好的品行。

〔52〕几微:犹隐微。

〔53〕不达:不明白;不知晓。

〔54〕坏名灾己:谓令自己名誉损坏并给自己带来灾难。

〔55〕辱先丧家:辱没先人,覆灭家族。

〔56〕志:记住。

〔57〕安逸:安闲舒适。

〔58〕靡甘淡泊:不甘于过恬淡生活,指追名逐利。

〔59〕不恤(xù序)人言:不顾及在乎他人的意见、建议。

〔60〕儒术:儒家的原则、学说、思想。

〔61〕古道:古代之道,泛指古代的制度、学术、思想、风尚等。

〔62〕懵(měng梦):不明。前经:以前的经典。不耻:不以为耻。

〔63〕当世:指当代人。解颐:谓开颜欢笑。

〔64〕厌:厌恶。

〔65〕佞(nìng泞)己:谓他人用花言巧语谄媚自己。

〔66〕戏谭:同"戏谈",谓嬉笑言谈。

〔67〕浸渍(zì字):浸染;熏陶。颇僻:邪佞,不正。《书·洪范》:"人用侧颇僻,民用僭忒。"

〔68〕销刻:犹言衰微败坏。

〔69〕簪裾(jū居):古代显贵者的服饰,这里借指显贵或官员。

〔70〕厮养:原指析薪养马者,泛指厮役。何殊:犹何异。

〔71〕崇好:崇尚爱好。慢游:浪荡遨游。

〔72〕耽嗜:深切爱好。麹糵(qū niè驱聂):酒曲,这里指酒。

〔73〕衔杯:口含酒杯,即指饮酒。高致:高尚或高雅的情致、格调。

〔74〕勤事:尽心尽力于职事。俗流:庸俗,不高雅。

〔75〕习之易荒:谓习惯于酒容易荒废正事。

〔76〕名宦:名声与官职。

〔77〕昵近:亲近。权要:犹权贵。

〔78〕一资半级:犹一官半职。

〔79〕众怒群猜:谓令旁观众人愤怒并惹来猜忌。

〔80〕鲜(xiǎn险)有存者:意谓很少有保持长久的。

〔81〕不是:过错。

〔82〕痤疽(cuó jū矬居):犹痈疽,毒疮。

〔83〕砭(biān编)石:古代用以治痈疽、除脓血的石针。瘳(chōu抽):治;救。

〔84〕巫医:古代以祝祷为主或兼用一些药物来为人消灾治病的人。

〔85〕前贤:前代的贤人或名人。炯戒:明显的鉴戒或警戒。

〔86〕方册:原指简牍;后引申为史载典籍。

〔87〕近代:指过去不远之时代。覆车:翻车,比喻失败的教训。

〔88〕中人:中等的人;常人。

〔89〕修辞力学:修饰文辞,努力学习。

〔90〕躁进:急于进取。患失:生怕失去。

〔91〕思展其用:意谓总想使自己的能量得到发挥。

〔92〕审命知退:意谓详究天命,保守不求上进。

〔93〕业荒文芜:谓能力与文章皆已荒废。

〔94〕上智:指大智之人。研其虑:指详尽地考虑思量。

〔95〕"用之则行"二句:意谓用我就出仕,不用我就待在家中。语出《论语·述而》:"子谓颜渊曰:'用之则行,舍之则藏,唯我与尔有是夫!'"

〔96〕公绰:即柳公绰(763—832),字宽,小字起之,柳公权之兄,京兆华原(今陕西铜川市耀州区)人。年十八,应制举,登贤良方正、直言极谏科,授秘书省校书郎,历官州刺史、侍御史、吏部郎中、御史丞。宪宗时为鄂岳观察史,以讨吴元济有功,拜京兆尹。后迁河东节度使、户部尚书、兵部尚书等职。卒赠太子太保。

〔97〕克禀:谓能够继承奉行。诫训:告诫教导。

点评

　　这篇家训具有明确的针对性,即官宦人家子弟如何摆脱门第观念的束缚,避免"辱先丧家",进而努力学习儒家经典,保持优良家风的顺利传承。"以孝悌为基,以恭默为本,以畏怯为务,以勤俭为法,以交结为末事,以气义为凶人",对于官宦家庭的重要性不言而喻。孟子有所谓"君子之泽,五世而斩"(《孟子·离娄下》)的论断,柳玭正是心怀类似的忧患意识书写这篇家训的,可谓欲图赓续柳氏家风之用心良苦。

毋令后人笑吾[1]

《新唐书》

我即死,欲有言,恐悲哭不得尽,故一诀耳[2]!我见房玄龄、杜如晦、高季辅皆辛苦立门户[3],亦望诒后[4],悉为不肖子败之[5]。我子孙今以付汝,汝可慎察[6],有不厉言行、交非类者[7],急榜杀以闻[8],毋令后人笑吾,犹吾笑房、杜也。我死,布装露车载柩[9],敛以常服[10],加朝服其中[11],傥死有知[12],庶着此奉见先帝[13]。明器惟作五六寓马[14],下帐施幔[15],为皂顶白纱裙[16],中列十偶人[17],它不得以从。众妾愿留养子者听[18],馀出之。葬已,徙居我堂,善视小弱[19]。苟违我言,同戮尸矣[20]!

注释

〔1〕选自宋欧阳修、宋祁撰《新唐书》卷九三《李勣传》。系李勣临终之际诀别其弟李弼的一番肺腑之言,今题据正文拟。李勣(594—669),原名徐世勣,字懋功,武德初赐姓李,名李世勣,后又避唐太宗李世民讳,改名李勣,曹州离狐(今山东东明东北)人。仕唐入相,封英国公,为唐朝初期名将,与卫国公李靖并称。李弼,李勣之弟,历官晋州刺史、司卫卿。

〔2〕诀:谓生死告别。

〔3〕房玄龄:参见本书所选《所遗子孙,在于清白》注。房玄龄次子因政治原因,被唐高宗杀。杜如晦:字克明(585—630),京兆杜陵(今陕西

西安东南)人。与房玄龄共掌朝政,有"房谋杜断"之誉。据《新唐书》本传,杜如晦次子杜荷"性暴诡不循法,尚城阳公主,官至尚乘奉御,封襄阳郡公",因谋反被诛,长子慈州刺史杜构也受牵连"贬死岭表"。高季辅:名冯(597—655),以字行,德州蓨县(今河北景县)人。以敢于直言受到唐太宗崇礼,据《新唐书》本传,其子高正业"仕至中书舍人,坐善上官仪,贬岭表"。门户:犹门第,指家庭在社会上的地位等级。

〔4〕诒(yí 移)后:谓传之后代。

〔5〕不肖(xiào 孝):谓子不似父。

〔6〕慎察:留心审察。

〔7〕不厉言行:谓未经思考、不合法度的言语行动。厉,磨砺。非类:原指不属于一类的人,这里指品行不好的人。

〔8〕榜(péng 朋)杀:鞭笞致死。

〔9〕露车:无帷盖的车子。柩(jiù 旧):已装尸体的棺材。

〔10〕敛(liàn 练):通"殓"。给死者穿衣,入棺。常服:通常之服。

〔11〕朝(cháo 潮)服:古代君臣朝会时穿的礼服。举行隆重典礼时亦穿着。

〔12〕傥(tǎng 躺):或许,也许。

〔13〕庶:副词。希望,但愿。先帝:谓唐太宗李世民(599—649)。

〔14〕明器:即冥器,专为随葬而制作的器物,宋代以前多用竹、木或陶土制成。寓马:随葬的木偶马。

〔15〕下帐施幔:谓吊丧时帷幕的设置。

〔16〕皂顶:古代官员所用的黑色蓬伞。白纱裙:白色的纱幕。

〔17〕偶人:用土木陶瓷等制成的人形陪葬物。

〔18〕听:听从,接受。

〔19〕善视:善加看待。小弱:幼弱者。

〔20〕戮(lù 录)尸:古代刑罚的一种,陈尸示众,以示羞辱。

点评

　　人之将死,其言也善。李勣临终嘱托亲弟弟的遗训,为家族不致重蹈前贤的不肖子弟败家的覆辙,甚至提出对子弟"榜杀"的严厉惩罚性措施以绝后患。然而人算不如天算,其长孙李敬业(即徐敬业)在其身后因起兵反对武则天专权,兵败被杀。李勣等也受牵连,被追削官爵,并掘墓砍棺,恢复其本姓徐氏。历代专制制度下为官为宦的私德不敌政治天平的称量,堪称千古之悲。

包孝肃公家训[1]

《能改斋漫录》

包孝肃公家训云："后世子孙仕宦,有犯赃滥者[2],不得放归本家[3];亡殁之后[4],不得葬于大茔之中[5]。不从吾志,非吾子孙。"共三十七字,其下押字又云[6]："仰珙刊石[7],竖于堂屋东壁[8],以诏后世[9]。"又十四字。珙者,孝肃之子也。

注释

〔1〕选自宋吴曾撰《能改斋漫录》卷一四《记文》。包孝肃公,即包拯(999—1062),字希仁,宋庐州合肥(今安徽合肥)人。天圣朝进士。历权知开封府、权御史中丞、三司使等职。嘉祐六年(1061),任枢密副使。后卒于位,谥孝肃。吴曾(生卒年不详),字虑臣,一说字虎臣(疑误)。抚州崇仁(今属江西)人。宋高宗绍兴二十四年至二十七年(1154—1157),吴曾的笔记《能改斋漫录》十八卷编成问世,以记载史事异闻、考辨诗文典故名闻后世,资料丰富,保存了若干有关唐宋两代文学史的资料。

〔2〕赃滥:谓贪赃枉法。

〔3〕本家:自己的家。

〔4〕亡殁:谓死亡。

〔5〕大茔(yíng 营):家族祖坟。包氏祖坟位于今安徽合肥市东大兴镇。

〔6〕押字:犹今言签字。

〔7〕仰:旧时下行公文用语,表命令。珙:据20世纪70年代出土的包拯及其妻董氏的墓志铭,包拯仅有两子:长子包繶(一名绪),官太常寺太祝,早卒;次子包绶(一名綖),时方五岁。下文"珙者,孝肃之子也"的记述有误。"珙"或系石工之名。

〔8〕堂屋:正屋。

〔9〕诏:告诫。

点评

　　包拯家训仅三十七字,却说得斩钉截铁,掷地可作金石声。清廉守正是旧时官员的道德准则,若贪赃则必枉法,既能枉法则无所不为了。包拯之所以受到后世民众的敬仰,成为小说、戏曲中不畏权贵、执法如山、清正廉明、断案如神的典型人物,与其后代未出现贪官污吏也有一定关联。家训传家之功,不可忽视。

陆放翁家训[1]

《水东日记》

　　吾平生未尝害人,人之害吾者,或出忌嫉[2],或偶不相知[3],或以为利,其情多可谅[4],不必以为怨,谨避之可也;若中吾过者[5],尤当置之[6]。汝辈但能寡过[7],勿露所长,勿与贵达亲厚[8],则人之害己者自少。吾虽悔,已不可追,以吾为戒可也。

　　祸有不可避者,避之得祸弥甚[9],既不能隐而仕[10],小则谴斥[11],大则死,自是其分[12]。若苟逃谴斥而奉承上官[13],则奉承之祸不止失官;苟逃死而丧失臣节[14],则失节之祸不止丧身。人自有懦而不能蹈祸难者[15],固不可强,惟当躬耕绝仕进[16],则去祸自远。

　　风俗方日坏[17],可忧者非一事,吾幸老且死矣,若使未遽死[18],亦决不复出仕,惟顾念子孙不能无老妪态[19]。吾家本农也,复能为农,策之上也。杜门穷经[20],不应举[21],不求仕,策之中也。安于小官,不慕荣达[22],策之下也。舍此三者,则无策矣。汝辈今日闻吾此言,心当不以为是,他日乃思之耳,暇日时与兄弟一观以自警[23],不必为他人言也。

　　吾承先人遗业,家本不至甚乏[24],亦可为中人之产[25],仕宦虽龃龉[26],亦不全在人后。恒素不闲生事[27],又赋分薄[28],俸禄入门[29],旋即耗散[30]。今已悬车[31],目前萧然[32],意甚安之,他人或不谅[33],汝辈固不可欺也。

厚葬于存殁无益[34],古今达人言之已详[35]。余家既贫甚,自无此虑,不待形言[36]。至于棺柩[37],亦当随力[38],四明、临安倭船到时[39],用三十千可得一佳棺[40],念欲办此一事,窘于衣食,亦未能及,终当具之[41]。万一仓卒[42],此即吾治命也[43]。汝等第能谨守[44],勿为人言所摇[45],木入土中,好恶何别耶?

近世出葬,或作香亭、魂亭、寓人、寓马之类[46],一切当屏去。僧徒引导[47],尤非敬佛之意,广召乡邻,又无益死者,徒为重费,皆不须为也。

吾少年交游多海内名辈,今多已零落,后来佳士[48],不以衰钝见鄙[49],往往相从,虽未识面而无定交者亦众[50],恨无繇遍识之耳[51]。又有道途一见,心赏其人,未暇从容[52],旋即乖隔[53],今既屏居不出[54],遂不复有邂逅之期[55],吾于世间万事,悉不贮怀[56],独此未能无遗恨耳。

世之贪夫,谿壑无餍[57],固不足责。至若常人之情,见他人服玩[58],不能不动,亦是一病。大抵人情慕其所无,厌其所有,但念此物若我有之,竟亦何用? 使人歆艳[59],于我何补? 如是思之,贪求自息。若夫天性澹然,或学问已到者,固无待此也。

人士有与吾辈行同者[60],虽位有贵贱,交有厚薄,汝辈见之,当极恭逊,已虽高官亦当力请居其下,不然则避去可也。吾少时,见士子有与其父之朋旧同席而剧谈大噱者[61],心切恶之,故不愿汝曹为之也。

吾惟文辞一事,颇得名过其实[62],其馀自勉于善[63],而不见知于人,盖有之矣。初无愿人知之心,故亦无憾,天理不昧[64],后世将有善士[65],使世世有善士,过于富贵多矣,此吾所望于天者也。

诉讼一事,最当谨始[66],使官司公明可恃[67],尚不当为,况官司关节[68]，更取货贿[69]，或官司虽无心，而其人天资暗弱[70]，为吏所使[71]，亦何所不至？有是而后悔之，固无及矣。况邻里间所讼，不过侵占地界，逋欠钱物[72]，及凶悖陵犯耳[73]，姑徐徐谕之[74]，勿遽兴讼也[75]，若能置而不较，尤善。李参政汉老作其叔父成季墓志云"居乡则以困畏不若人为哲"[76]，真达识也[77]。

子孙才分有限[78]，无如之何[79]，然不可不使读书。贫则教训童稚以给衣食，但书种不绝足矣[80]。若能布衣草履，从事农圃[81]，足迹不至城市，弥是佳事[82]。关中村落有魏郑公庄[83]，诸孙皆为农，张浮休过之[84]，留诗云："儿童不识字，耕稼郑公庄。"[85]仕宦不可常，不仕则农，无可憾也。但切不可迫于衣食，为市井小人事耳[86]，戒之戒之。

后生才锐者最易坏[87]，若有之，父兄当以为忧，不可以为喜也。切须常加简束[88]，令熟读经子[89]，训以宽厚恭谨[90]，勿令与浮薄者游处[91]。如此十许年，志趣自成[92]，不然其可虑之事盖非一端。吾此言后人之药石也[93]，各须谨之，毋贻后悔[94]。

注释

〔1〕节选自明叶盛撰《水东日记》卷一五《陆放翁家训》。此家训又名《太史公绪训》，共二十六则。本书选其中十三则。陆游（1125—1210），字务观，号放翁，宋越州山阴（今浙江绍兴）人。工诗、词、散文，长于史学，著有《剑南诗稿》《渭南文集》《南唐书》《老学庵笔记》等。《宋史》卷三九五有传。叶盛（1420—1474），字与中，昆山（今属江苏）人。明正统十年（1445）进士，历官兵科给事中、吏部左侍郎。著有《水东日记》《菉竹堂稿》等。《明史》卷一七七有传。

〔2〕忌嫉：妒忌，猜忌。

〔3〕相知：互相了解。

〔4〕谅：体谅；体察。

〔5〕中(zhòng 众)吾过:谓切中我的过错。

〔6〕置:搁置;放下。

〔7〕寡过:少犯错误。

〔8〕贵达:显贵的人。

〔9〕弥甚:更加严厉。

〔10〕隐:谓隐居。仕:谓出仕为官。

〔11〕谴斥:被斥呵之意。

〔12〕分(fèn 奋):本分。

〔13〕苟:如果。奉承:逢迎,阿谀。

〔14〕臣节:人臣的节操。

〔15〕懦:畏怯软弱。蹈祸难:指勇敢地面对因正直不阿、履行臣节而可能带来的祸难。

〔16〕躬耕:亲身从事农业生产。绝仕进:指辞官,不走仕途。

〔17〕风俗:相沿积久而成的风气、习俗。

〔18〕遽(jù 具)死:谓立即辞世。

〔19〕顾念:眷顾,即垂爱;关注。老妪态:犹言婆婆妈妈般喋喋不休的唠叨。

〔20〕杜门穷经:谓关起门来极力钻研儒家经籍。

〔21〕应(yìng 映)举:参加科举考试。

〔22〕荣达:位高显达。

〔23〕暇日:空闲的日子。自警:自我警示。

〔24〕甚乏:谓极其贫穷。

〔25〕中人之产:中等人家的产业。

〔26〕仕宦:出仕;为官。龃龉(jǔ yǔ 举语):上下齿不相对应。这里谓仕途不顺畅。

〔27〕恒素:平时。闲:通"娴",指娴习,熟练。生事:指打理日常生活的事务。

〔28〕赋分(fèn 奋):天赋;资质。

〔29〕俸禄:官吏的薪给。

〔30〕耗散:损减散失。

〔31〕悬车:致仕。古人一般至七十岁辞官家居,废车不用,故云。

〔32〕萧然:简陋。

〔33〕不谅:不相信。《诗·鄘风·柏舟》:"泛彼柏舟,在彼中河。髧彼两髦,实维我仪,之死矢靡它,母也天只,不谅人只。"毛传:"谅,信也。"

〔34〕厚葬:谓不惜财力地经营丧葬。存殁:生存和死亡。这里指活着的人和去世的人。

〔35〕达人:通达事理的人。

〔36〕形言:表现在言辞上。

〔37〕棺柩(jiù旧):指装尸体的棺材。

〔38〕随力:谓视自己财力而定。

〔39〕四明:即今浙江宁波市,唐宋以来曾是我国著名的对外贸易港口之一,以其西南有四明山,故称。临安:即今浙江杭州市。倭船:平底的日本帆船。

〔40〕三十千:即三十贯钱。古代千钱为一贯。

〔41〕具:备办;准备。

〔42〕仓卒(cù促):非常事变。这里用作死亡的婉词。

〔43〕治命:与"乱命"相对,指人死前神志清醒时的遗嘱。这里指生前遗言。

〔44〕第:只要,但。谨守:谓谨慎守护遗言。

〔45〕摇:动摇。

〔46〕香亭:内置香炉的结彩小亭,可抬,旧时赛会、出殡用之。魂亭:旧俗出葬时安置死者灵牌的纸亭。寓人:木偶人,古用作陪葬的冥器。寓,通"偶"。寓马:随葬之木偶马。

〔47〕僧徒:僧人,僧众。引导:旧时出殡时,僧人在棺前念经超度亡灵。

〔48〕佳士:品行或才学优良的人。

〔49〕衰钝:衰弱迟钝。见鄙:被人鄙视。

〔50〕定交:结为朋友。

39

〔51〕无繇(yóu由):同"无由",谓没有门径,没有办法。

〔52〕未暇:谓没有时间顾及。从容:谓周旋、应酬。

〔53〕乖隔:阻隔。

〔54〕屏(bǐng丙)居:屏客独居。

〔55〕邂逅(xiè hòu谢后):谓不期而遇。

〔56〕贮怀:为挂念在心。

〔57〕谿壑:山间的沟壑,比喻难以满足的贪欲。无餍(yàn艳):同"无厌",谓不能满足。

〔58〕服玩:服饰器用玩好之物。

〔59〕歆(xīn欣)艳:羡慕。

〔60〕人士:谓文人、士人。辈行(háng航):辈分,行辈。

〔61〕朋旧:朋友故旧。同席:谓参加同一宴席。剧谈:犹畅谈。大噱(jué绝):大笑。

〔62〕名过其实:名声超过实际。这里是对自己的文学才能谦虚的说法。

〔63〕自勉于善:自己勉励自己向善,做有德之士。

〔64〕天理:天道,自然法则。不昧:不晦暗,明亮。

〔65〕善士:有德之士。

〔66〕谨始:谓慎之于始。

〔67〕官司:官府。公明:公正明达。恃:依赖;凭借。

〔68〕关节:指暗中行贿勾通官吏的事。

〔69〕货贿:贿赂。

〔70〕天资:这里谓官府官员的资质。暗弱:昏庸懦弱。

〔71〕为吏所使:意谓官员为官府中的小吏、衙役所蒙骗欺瞒。

〔72〕逋(bū布阴平)欠:拖欠;短少。

〔73〕凶悖(bèi备):凶暴悖逆。悖,昏乱。陵犯:冒犯;侵犯。

〔74〕谕:表明,告知。

〔75〕遽(jù具):仓猝;匆忙。兴讼:发生诉讼,打官司。

〔76〕李参政汉老:即李邴(1085—1146),字汉老,号云龛,济州钜野

(今山东巨野)人。崇宁五年(1106)进士,曾任参知政事。谥文肃,后改谥文敏。著有《草堂集》一百卷。《宋史》卷三七五有传。参政,即参知政事的简称,宋代以参知政事为副宰相,辅助宰相处理政事。叔父成季:即李昭玘(生卒年不详),字成季,钜野人,少与晁补之齐名,为苏轼所知。元丰二年(1079)进士,自号乐静先生。著有《乐静集》三十卷,为其侄李邴所编。《宋史》卷三四七有传。李邴所撰李昭玘的墓志,《全宋文》未见收录,或佚。困畏不若人:语出《庄子·列御寇》:"缘循,偃佒,困畏不若人,三者俱通达。"大意是:处世顺其自然,顺从人意,怯弱谦卑,有这三种品质即可遇事通达。困畏,怯弱。哲:明智;有智慧。

〔77〕达识:通达的识见。

〔78〕才分(fèn奋):才能;天资。

〔79〕无如之何:犹言没有什么办法来对付。

〔80〕书种:犹言读书种子,谓世代相承的读书人。

〔81〕农圃(pǔ普):耕稼,农耕。

〔82〕弥:益;更加。佳事:好事。

〔83〕关中:当泛指今陕西渭河流域一带。魏郑公:即魏徵(580—643),字玄成,巨鹿下曲阳(今河北晋州市)人,唐政治家,封郑国公,卒于官,谥文贞。著有《魏郑公诗文集》。因直言进谏,辅佐唐太宗共同创建"贞观之治"的大业,被后人称为"一代名相"。魏徵陵墓位于今陕西省礼泉县。

〔84〕张浮休:即张舜民(生卒年不详),字芸叟,自号浮休居士,又号矴斋。邠州(今陕西彬县)人。宋英宗治平二年(1065)进士,《宋史》卷三四七有传。

〔85〕"留诗云"三句:张舜民《过魏文贞公旧庄》诗:"破屋居人少,柴门春草长。儿童不识字,耕稼郑公庄。"

〔86〕市井小人:指城市中庸俗鄙陋之人。

〔87〕后生:后辈,下一代。才锐:才思敏锐。

〔88〕简束:约束。

〔89〕经子:泛指经史子集四部经典古籍。

41

〔90〕恭谨:恭敬谨慎。

〔91〕浮薄:轻薄,不朴实。游处:出游和家居。借指相处,彼此生活在一起。

〔92〕志趣:志向和情趣。

〔93〕药石:药剂和砭石,泛指药物。比喻规戒。

〔94〕毋贻:不要遗留。

点评

所选十三则家训,皆系陆游发自肺腑之言,絮絮不休,如老妪言事,却语重心长,寄意遥深。寡过,躬耕,安贫,薄葬,慎交友,去贪,尊老,为善,息讼,诗书传家,宽厚为怀,于为人处世原则,堪称面面俱到,道出了一位忠厚长者对于自家子弟的由衷之论。真正实践其家训内容谈何容易!陆游《冬夜读书示子聿八首》其三:"古人学问无遗力,少壮工夫老始成。纸上得来终觉浅,绝知此事要躬行。"可见身体力行之难,绝非虚语。

郑端简公训子语[1]

《戒庵老人漫笔》

郑尚书淡泉公训子履淳曰[2]:"胆欲大,心欲小;志欲圆,行欲方[3]。大志非才不就,大才非学不成。学非记诵云尔,当究事所以然[4],融于心目,如身亲履之[5]。南阳一出即相[6],淮阴一出即将[7],果盖世雄才[8],皆是平时所学。志士读书当如此。不然,世之能读书、能文章,不善做官、做人者最多也。"此嘉靖壬戌冬所训[9],最是名言。

注释

〔1〕选自明李诩撰《戒庵老人漫笔》卷八。郑端简公即郑晓(1499—1566),字窒甫,小字阿文,号淡泉。海盐(今属浙江)人。明嘉靖二年(1523)进士,历官职方主事、兵部右侍郎、刑部尚书,因忤严嵩,罢归,卒谥端简。通经术,长于史学,习国家典故,著有《郑端简公文集》十二卷、《吾学编》等。《明史》卷一九九有传。李诩(1505—1593),字厚德,号戒庵老人,江阴(今属江苏)人。科场不遇,著述自适。著有《世德堂吟稿》《名山大川记》《心学摘要》等,皆佚,唯《戒庵老人漫笔》八卷传世,为其晚年所撰。

〔2〕履淳:即郑履淳(生卒年不详),字叔初,郑晓子。嘉靖四十年(1561)进士,著有《郑端简年谱》《衡门集》。《明史》卷二一五有传。

〔3〕"胆欲大"四句:意谓敢于任事但思虑要周全,志愿目标圆通但行为要端方。语本《淮南子》卷九《主术训》:"凡人之论,心欲小而志欲大,智欲员而行欲方,能欲多而事欲鲜。"员,通"圆"。

〔4〕所以然:所以如此。指原因或道理。

〔5〕亲履:谓躬亲实践。

〔6〕"南阳"句:意谓东汉末年诸葛亮从南阳出山,辅助刘备建立蜀国,并成为丞相。南阳,今河南南阳市城西有诸葛庐故址,这里即指代诸葛亮。据说诸葛亮曾躬耕隐居于此。诸葛亮《前出师表》:"臣本布衣,躬耕于南阳,苟全性命于乱世,不求闻达于诸侯。"

〔7〕"淮阴"句:意谓秦末淮阴人韩信投靠刘邦,在萧何的极力推举下,刘邦筑坛拜韩信为大将。最终韩信终于辅佐刘邦打败项羽,建立了汉朝。淮阴,今江苏淮阴市,这里指代韩信。韩信曾被刘邦封为淮阴侯。

〔8〕盖世雄才:谓才能、功绩等高出当代之上的有出众才能者。

〔9〕嘉靖壬戌:即明世宗嘉靖四十一年(1562)。郑晓时年六十四岁。

点评

这则家训因为有立竿见影的实践效果,所以颇为论者所瞩目。郑晓是有明一代名臣,为奸佞严嵩等排挤迫害,郁郁以终。其子郑履淳遵循父亲教诲,正言立朝,《明史》本传载其隆庆三年(1569)冬上疏明穆宗,内有云:"功罪罔核,文案徒繁。阉寺潜为厉阶,善类渐以短气。言涉宫府,肆挠多端。梗在私门,坚持不破。万众惶惶,皆谓群小侮常,明良疏隔,自开辟以来,未有若是而永安者。"仗义执言,大有前贤海瑞之风。家训之功,不可小觑。

家书尺牍中的教诲家训

吊者在门,贺者在闾[1]

刘 向

告歆无忽[2],若未有异德[3],蒙恩甚厚[4],将何以报？董生有云:"吊者在门,贺者在闾。"[5]言有忧则恐惧敬事[6],敬事则必有善功而福至也[7]。又曰:"贺者在门,吊者在闾。"言受福则骄奢[8],骄奢则祸至,故吊随而来,齐顷公之始,藉霸者之馀威,轻侮诸侯,亏践蹇之容,故被鞍之祸,遁服而亡[9]。所谓贺者在门,吊者在闾也。兵败师破,人皆吊之,恐惧自新,百姓爱之,诸侯皆归其所夺邑[10]。所谓吊者在门,贺者在闾。今若年少,得黄门侍郎[11],要显处也[12]。新拜皆谢,贵人叩头[13],谨战战慄慄[14],乃可必免[15]。

注释

〔1〕选自刘向《刘子骏集》。原题"诫子歆书",今题据正文拟。刘向(前77？—前6),初名更生,字子政,汉彭城(今江苏徐州)人。曾校阅经传诸子诗赋,成《别录》一书,为我国最早的分类目录学著述。另撰有《新序》《说苑》《洪范五行传论》等书。

〔2〕歆(xīn 新):刘向第三子刘歆(前53？—公元23),字子骏,后改名秀、字颖叔,青年时就参与其父的校书工作。刘向卒后,刘歆任中垒校尉,继承父业。王莽篡汉,任国师。后因参与谋杀王莽,事败自杀。忽:疏

47

忽怠慢。

〔3〕若:第二人称代词"你"。异德:优异之德。

〔4〕蒙恩:谓受皇帝恩惠。

〔5〕"董生有云"三句:意谓人生祸福相倚,可相互转化。董生,指董仲舒(前179—前104),汉代思想家、哲学家、政治家、教育家。此句最早出处当为《荀子》卷二七《大略》:"庆者在堂,吊者在闾。祸与福邻,莫知其门。"吊者,即吊丧者,至丧家祭奠死者的人。闾(lú 驴),里巷的大门。

〔6〕敬事:敬慎处事。

〔7〕善功:良善功业。

〔8〕骄奢:骄横奢侈。

〔9〕"齐顷公之始"六句:齐顷公(前？—前572)是曾为"春秋五霸"之一的齐桓公之孙。跂蹇(qǐ jiǎn 启简),谓跛足的人。这里即指春秋中期晋国正卿郤克(？—前587),即郤献子,他身体有残疾,曾出使齐国,遭到齐顷公母亲的嘲笑。这一无理行径惹怒了郤克,播下复仇的种子。公元前589年,齐顷公率军讨伐鲁国、卫国,鲁、卫向晋国求救,郤克以车八百乘伐齐,与齐顷公在鞌决战。轻敌的齐顷公被晋军追逼,险些被俘,幸得逢丑父与齐顷公互换衣服,齐顷公方得以逃走,晋军大败。馀威,谓齐顷公祖父齐桓公曾经称霸诸侯的气焰。轻侮,谓轻慢;欺侮。这里即指鲁国、卫国等诸侯国。亏跂蹇之容,谓损伤了跛足者郤克的尊严。鞌,亦作"鞍",春秋齐地,位于今山东省济南市西。遁服而亡,谓齐顷公与逢丑父互换衣服逃归。

〔10〕"兵败师破"五句:齐顷公逃归国后,接受教训,厚礼诸侯,与邻国和平相处,并实行薄赋敛的政策,恢复民生。师,军队。自新,自己改正错误,重新做人。诸侯皆归其所夺邑,谓诸侯归还了鞌之战后所侵占的齐国领地。

〔11〕黄门侍郎:秦汉黄门官,职任亲近天子。

〔12〕要显:显要之官。

〔13〕"新拜皆谢"二句:谓新授官者与显贵者都要到黄门署谢恩、叩头。

〔14〕谨:恭敬。战战慄慄:敬畏戒慎貌。

〔15〕乃可必免:谓必然免于祸患。

点评

　　《老子》第五十八章:"祸,福之所倚;福,祸之所伏。"福与祸二元对立,又可以互相转化,道家的这一辩证法思想被刘向训子吸收,并且以齐顷公为例,讲明"吊者在门,贺者在闾"与"贺者在门,吊者在闾"的变化规律,并非空洞的说教,至今仍有教育意义。然而真正认识祸福可以相互转化的规律又谈何容易!刘歆的人生轨迹就是一例反证,他与世乱纷纭中投靠王莽,无非意图以其学识向权势卑躬屈膝,低声下气地换取高官厚禄,没想到自家名声受损,于是又生反复,以自杀悲剧为自己七十馀岁的人生画上一个并不完美的句号,真令人唏嘘不已!

诫子书[1]

诸葛亮

夫君子之行,静以修身,俭以养德[2],非澹泊无以明志[3],非宁静无以致远[4]。夫学须静也,才须学也;非学无以广才,非志无以成学。慆慢则不能励精[5],险躁则不能治性[6]。年与时驰[7],意与日去[8],遂成枯落[9],多不接世[10],悲守穷庐,将复何及?

注释

〔1〕选自《诸葛亮集·文集》卷一。诸葛亮(181—234),字孔明,琅琊阳都(今山东沂南)人。曾隐居于隆中(今湖北襄阳西),有"卧龙"之誉。刘备三顾始见,后辅佐刘备立业蜀中。曹丕代汉后,刘备称帝于成都,以诸葛亮为丞相。后辅佐后主刘禅,鞠躬尽瘁,死而后已。

〔2〕俭以养德:谓有所节制以修养德性。

〔3〕澹泊:恬淡寡欲。

〔4〕宁静:谓清静寡欲,不慕荣利。致远:实现远大的目标。

〔5〕慆(tāo 滔)慢:怠慢;怠惰。励精:振奋精神,致力于某种事业或工作。

〔6〕险躁:轻薄浮躁。治性:修心养性。

〔7〕年与时驰:谓年纪随时间的流逝渐长。

〔8〕意与日去:谓意志随时间而消磨。

〔9〕枯落:喻人年老衰残。

〔10〕接世:谓为社会所接纳。

点评

  在后世的戏曲、小说中,诸葛亮是被神化的人物,特别是罗贯中《三国志通俗演义》的问世,"状诸葛之多智而近妖",于是一个燮理阴阳、神机莫测,能够呼风唤雨的虚幻人物就诞生了。其实作为历史人物的诸葛亮就是一位著名的政治家与军事家,至于文学地位,其人其文虽不及"三曹"彪炳后世,但《出师表》脍炙人口,一片忠心可鉴!澹泊与宁静作为人生修身之要,为治学者所必备,否则将一事无成。耐得住寂寞,静心澄虑,不为外界声华所干扰,是成大事者的必由之路。《淮南子》卷九《主术训》:"君人之道,处静以修身,俭约以率下。静则下不扰矣,俭则民不怨矣;下扰则政乱,民怨则德薄;政乱则贤者不为谋,德薄则勇者不为死。"诸葛亮对儿子的谆谆教诲,当与《淮南子》的这一段话有关联。

诫外生书[1]

诸葛亮

夫志当存高远,慕先贤,绝情欲,弃疑滞[2],使庶几之志[3],揭然有所存[4],恻然有所感[5]。忍屈伸[6],去细碎[7],广咨问[8],除嫌吝[9],虽有淹留[10],何损于美趣?何患于不济[11]?若志不强毅,意不慷慨[12],徒碌碌滞于俗[13],默默束于情,永窜伏于凡庸[14],不免于下流矣。

注释

〔1〕选自《诸葛亮集·文集》卷一。外生:即外甥。

〔2〕疑滞:迟疑不决。

〔3〕庶几(jī基)之志:谓向往贤才的志向。语本《易·系辞下》。

〔4〕揭然:显露貌。

〔5〕恻然:悲伤貌。

〔6〕屈伸:进退。

〔7〕细碎:谓琐碎杂事。

〔8〕咨问:咨询;请教。

〔9〕嫌吝:猜疑悔恨。

〔10〕淹留:谓屈居下位。

〔11〕不济:不成功。

〔12〕慷慨:情绪激昂。

〔13〕碌碌:平庸无能貌。

〔14〕窜伏:逃匿;隐藏。凡庸:平庸。

点评

  这篇家书不务雕饰,直言无隐,文学色彩不浓,但于实践指导意义非同寻常,至今仍可悬诸座右,以为处世格言。

与子俨等疏[1]

陶渊明

告俨、俟、份、佚、佟[2]：

天地赋命[3]，生必有死。自古圣贤[4]，谁独能免？子夏有言曰[5]："死生有命，富贵在天。"[6]四友之人[7]，亲受音旨[8]，发斯谈者，将非穷达不可妄求[9]，寿夭永无外请故耶[10]？吾年过五十，少而穷苦，每以家弊[11]，东西游走[12]，性刚才拙，与物多忤[13]。自量为己，必贻俗患[14]；僶俛辞世[15]，使汝等幼而饥寒。余尝感孺仲贤妻之言，败絮自拥，何惭儿子[16]。此既一事矣。但恨邻靡二仲[17]，室无莱妇[18]，抱兹苦心，良独内愧[19]。

少学琴书[20]，偶爱闲静[21]，开卷有得，便欣然忘食[22]。见树木交荫，时鸟变声[23]，亦复欢然有喜。常言：五六月中，北窗下卧，遇凉风暂至[24]，自谓是羲皇上人[25]。意浅识罕[26]，谓斯言可保[27]。日月遂往，机巧好疏[28]。缅求在昔[29]，眇然如何[30]。疾患以来，渐就衰损[31]，亲旧不遗[32]，每以药石见救[33]，自恐大分将有限也[34]。恨汝辈稚小家贫，每役柴水之劳[35]，何时可免！念之在心，若何可言[36]！

然汝等虽不同生[37]，当思四海皆兄弟之义[38]。鲍叔、管仲，分财无猜[39]；归生、伍举，班荆道旧[40]。遂能以败为成[41]，因丧立功[42]。他人尚尔[43]，况同父之人哉！颍川韩元长，汉末名士，身处卿佐,八十而终,兄弟同居,至于没齿[44]。济北氾稚春,晋时操行人也,七世同财,家人无怨色[45]。《诗》曰:"高山仰止,景行行止。"[46]虽不能尔[47],至心尚之[48]。汝其慎哉!吾复何言[49]。

注释

〔1〕选自晋陶渊明《陶渊明集》卷七。陶渊明(365—427),一名潜,字元亮,晋寻阳柴桑(今江西九江)人,大司马陶侃曾孙。历官州祭酒、镇军、建威参军、彭泽令,以"不能为五斗米折腰",弃官归里,以诗酒自娱。其文学成就以诗歌为最,散文、辞赋也有特色,卒后,友人私谥靖节。著有《陶渊明集》,《晋书》卷九四、《宋书》卷九三、《南史》卷七五皆入《隐逸传》。疏(shù 树),书信。《与子俨等疏》是陶渊明写给他五个儿子的信,类似于"遗书"性质。

〔2〕俨俟份(bīn 彬)佚佟:陶渊明五个儿子陶俨、陶俟、陶份、陶佚、陶佟,即陶渊明《责子》诗中小名舒、宣、雍、端、通五人。

〔3〕赋命:谓给人以生命。

〔4〕圣贤:泛称道德才智杰出者。

〔5〕子夏:即卜商(前507—?),字子夏,春秋卫人,孔子弟子,擅长文学。事见《史记》卷六七《仲尼弟子列传》。

〔6〕"死生有命"二句:意谓人的生死与富贵皆由天定,属于儒家命定论思想。语出《论语·颜渊》:"子夏曰:'商闻之矣,死生有命,富贵在天。'"

〔7〕四友:据《孔丛子》记载,孔子四个学生颜渊、子贡、子张、子路为孔子四友,子夏为他们的同辈。

〔8〕亲受音旨:谓皆受到孔子的言辞旨意的教诲。

〔9〕将非:岂非。穷达:困顿与显达。妄求:非分的追求。

〔10〕寿夭:长命与夭折。外请:谓在自身宿命以外的求索。

〔11〕家弊:家境贫寒。

55

〔12〕游走:奔波。

〔13〕与物多忤(wǔ午):谓触犯自身以外的事物,即与社会人事不相融合。

〔14〕"自量为己"二句:意谓自我估量这一为自己考虑的辞官行为,必然带来世俗的生计之累。俗患,谓世俗事务的牵累。

〔15〕僶俛(mǐn miǎn敏勉):这里是勉强的意思。辞世:避世,隐居。

〔16〕"余尝感孺仲贤妻之言"三句:据《后汉书》卷八四《列女传》,东汉太原王霸,字孺仲,他与同郡令狐子伯为友。汉光武帝连征王霸做官,王霸隐居不仕。令狐子伯为楚相,其子为郡功曹。有一次子伯令其子带书信给王霸,王霸见令狐子服饰光鲜,自己的儿子耕田回来,举止局促,惭愧中卧床不起。王霸妻再三问故,王霸回答:"吾与子伯素不相若,向见其子容服甚光,举措有适,而我儿曹蓬发历齿,未知礼则,见客而有惭色。父子恩深,不觉自失耳。"其妻说:"君少修清节,不顾荣禄。今子伯之贵孰与君之高?奈何忘宿志而惭儿女子乎!"于是王霸起身而笑,与妻儿终身隐遁不出。败絮,破旧的棉絮,此就王霸"客去而久卧不起"而言。

〔17〕靡:没有。二仲:指汉羊仲、裘仲二人。《初学记》卷一八引汉赵岐《三辅决录》:"蒋诩,字符卿,舍中三径,唯羊仲、裘仲从之游。二仲皆推廉逃名。"后世即用以泛指廉洁隐退之士。

〔18〕莱妇:即莱妻,春秋楚老莱子之妻,历来为贤妇的代称。

〔19〕良:甚,很。

〔20〕琴书:琴和书籍,多为文人雅士清高生涯常伴之物。陶渊明《归去来辞》:"悦亲戚之情话,乐琴书以消忧。"

〔21〕偶:恰巧。闲静:安闲宁静。陶渊明《五柳先生传》:"闲静少言,不慕荣利。"

〔22〕"开卷有得"二句:陶渊明《五柳先生传》:"好读书,不求甚解。每有会意,欣然忘食。"

〔23〕时鸟:应时而鸣的鸟。

〔24〕暂:突然。

〔25〕羲皇上人:羲皇谓伏羲氏,古人想象中的羲皇之世,其民皆恬静

闲适,故隐逸之士自称"羲皇上人"。

〔26〕意浅识罕:谓以上"常言"四句想法单纯,识见无多。这里是自谦的说法。

〔27〕斯言可保:意谓"常言"四句所记述的生活可以维持下去。

〔28〕机巧:谓诡诈之心。好疏:很生疏。

〔29〕缅求:远求。

〔30〕眇然:高远貌。

〔31〕衰损:谓身体衰弱亏虚。

〔32〕亲旧:犹亲故,谓亲戚故旧。不遗:谓不遗弃,不舍弃。

〔33〕药石:药剂和砭石,这里泛指药物。

〔34〕大分(fèn奋):大限;寿数。

〔35〕役:谓被驱使。柴水:打柴汲水。

〔36〕若何可言:意谓还有什么话可说呢。若何,怎样,怎么样。

〔37〕不同生:谓非一个母亲所生。陶渊明三十岁,原配去世,长子陶俨为其所生;其馀四子全为续弦翟氏所生,其中陶份、陶佚为孪生。

〔38〕四海皆兄弟:语本《论语·颜渊》。

〔39〕"鲍叔管仲"二句:据《史记》卷六二《管晏列传》:"管仲曰:'吾始困时,尝与鲍叔贾,分财利多自与,鲍叔不以我为贪,知我贫也。"鲍叔,即鲍叔牙,春秋齐人。他与管仲为莫逆之交,将管仲推荐给齐桓公,管仲辅佐桓公建成霸业。管仲,名夷吾(?—前645),字仲,春秋齐人,辅佐齐桓公九合诸侯,一匡天下。无猜,没有猜疑。

〔40〕"归生、伍举"二句:据《左传·襄公二十六年》,楚国伍举与公孙归生(又名声子)两人交好,伍举因受其岳父事牵连不得不出逃,准备通过郑国到晋国作官。归生作为楚使去晋国,在郑国的郊外遇到伍举,两人将荆草铺在地上,坐下一同吃饭,重温旧好,归生答应伍举一定帮助他回国。归生返楚后,向令尹子木巧妙列举陈说楚材晋用的危害,终于令楚王下令增加伍举的官禄爵位,请他从郑国回到了楚国。班荆,布列荆草于地。

〔41〕以败为成:承上文鲍叔与管仲交友事。管仲原辅佐公子纠对抗

公子小白(即后来的齐桓公)以争夺齐国王位,公子纠失败被杀,管仲因鲍叔推荐,又辅佐齐桓公,终成霸业。

〔42〕因丧立功:承上文归生与伍举交友事。伍举不得已逃亡至郑,在归生帮助下返回楚国,后于鲁昭公元年(前541)帮助公子围(楚灵王)继承王位,是楚灵王的功臣。事见《左传·昭公元年》。丧,逃亡,流亡。

〔43〕他人尚尔:意谓别人尚且如此。

〔44〕"颍川韩元长"六句:意谓东汉末韩融以名士被征辟为高官,至八十岁去世前,兄弟一直在一起生活。按,韩融兄弟同居事未见他书记述。颍川,汉郡名,治所阳翟(今河南禹州市)。卿佐,指辅佐国君的执政大臣,这里即指太仆,汉代为九卿之一。没齿,指老年。

〔45〕"济北氾(fán范)稚春"四句:意谓氾毓是有操守的人,其家已传七代没有分居。据《晋书》卷九一《儒林传》:"氾毓,字稚春,济北卢人也。奕世儒素,敦睦九族,客居青州,逮毓七世,时人号其家'儿无常父,衣无常主'。毓少履高操,安贫有志业……年七十一卒。"操行人,谓有品行、操守者。

〔46〕"诗曰"三句:语出《诗·小雅·车舝》,大意是:山高人就仰望,大路就有人行。这里引用《诗经》,意欲其五子向上述数人学习。

〔47〕尔:如此,这样。

〔48〕至心尚之:意谓诚心诚意地尊崇上述有德者。至心,最诚挚之心。尚,尊崇。

〔49〕吾复何言:意即我没有什么可说的了。属于一番告诫后的结束语。

点评

据逯钦立《陶渊明事迹诗文系年》考证,这封书信写于义熙十一年(415),时陶渊明五十一岁,这一年他的痁疾(疟病)一度加剧,自以为大限将至,不放心五个儿子的以后的兄弟情谊,因而遗书谆谆告诫,语重心长,在总结自己大半生出仕与归隐的纠结中,流露出父辈未能给年尚稚小的后代创造更好生活的几许愧疚之情。作者另有《责子》五古一首,有论者认为当写于义熙四年(408),作者时年四十四岁。诗中有"虽有五男儿,总不好纸笔"之叹,从诗中可知,当时五子中最大者陶俨年十六岁,最小者陶佟不过九龄。时过七年,长子陶俨当已有二十三岁,幼子陶佟也十六岁了。作者舐犊之爱,实出天然,信中所表述之生死观、荣辱观、忧乐观,豁达淡远,至今仍有认识价值。

诫当阳公大心书[1]

萧 纲

汝年时尚幼[2],所阙者学[3],可久可大[4],其唯学欤!所以孔丘言[5]:"吾尝终日不食,终夜不寝,以思,无益,不如学也。"[6]若使墙面而立[7],沐猴而冠[8],吾所不取。立身之道,与文章异,立身先须谨重[9],文章且须放荡[10]。

注释

〔1〕选自梁萧纲《梁简文集》。萧纲(503—551),字世缵,小字六通,梁武帝第三子,由于长兄萧统早死,中大通三年(531)被立为太子。太清三年(549),侯景之乱,梁武帝被囚饿死,萧纲即位,即南朝梁简文帝。大宝二年(551)为侯景所害。事详《南史》卷八《梁本纪》、《梁书》卷四《简文帝本纪》,萧纲提倡宫体诗,在文学史上有一定影响。明代张溥辑有《梁简文集》。当阳公大心即萧大心(523—551),字仁恕,为萧纲第二子,大宝二年(551)为侯景将任约所害。《梁书》卷四四有传。

〔2〕年时:年岁。

〔3〕阙(quē 缺):欠缺。

〔4〕可久可大:意谓贤人的德业。语本《易·系辞上》:"有亲则可久,有功则可大;可久则贤人之德,可大则贤人之业。"

〔5〕孔丘:即孔子(前551—前479),名丘,字仲尼。

〔6〕"吾尝终日不食"五句:语出《论语·卫灵公》,是孔子强调学习

的话。

〔7〕墙面而立:语本《论语·阳货》:"子谓伯鱼曰:'女为《周南》、《召南》矣乎?人而不为《周南》、《召南》,其犹正墙面而立也与!'"原指不学《诗》,这里借指不学。

〔8〕沐猴而冠:猕猴戴帽子,装成人的样子,比喻表面上装扮得像人,实际并不像,用以借指"不学"的人犹如戴帽猕猴。

〔9〕谨重:谨慎稳重。

〔10〕放荡:放纵,不受约束。

点评

　　这封书属于父教子的家信,强调学习的重要性固然可贵,但最后四句所涉及的文艺理论问题,更有认识价值。文学的理想性与现实人生是有相当距离的,"文章且须放荡"的道理或许正在于此。

诲侄等书[1]

元　稹

告仑等：吾谪窜方始[2]，见汝未期[3]，粗以所怀贻诲于汝[4]。汝等心志未立[5]，冠岁行登[6]，古人讥十九童心[7]，能不自惧[8]。吾不能远谕他人[9]，汝独不见吾兄之奉家法乎[10]？吾家世俭贫[11]，先人遗训常恐置产息子孙[12]，故家无樵苏之地[13]，尔所详也。吾窃见吾兄自二十年来[14]，以下士之禄[15]，持窭绝之家[16]，其间半是乞丐羁游[17]，以相给足。然而吾生三十二年矣，知衣食之所自，始东都为御史时[18]。吾常自思，尚不省受吾兄正色之训[19]，而况于鞭笞诘责乎[20]。呜呼！吾所以幸而为兄者[21]，则汝所以得而为父矣。有父如此，尚不足为汝师乎？

吾尚有血诚[22]，将告于汝。吾幼乏岐嶷[23]，十岁知方[24]，严毅之训不闻[25]，师友之资尽废[26]。忆得初读书时，感慈旨一言之叹[27]，遂志于学[28]。是时尚在凤翔[29]，每借书于齐仓曹家[30]，徒步执卷[31]，就陆姊夫师授[32]，栖栖勤勤其始也[33]。若此至年十五，得明经及第[34]，因捧先人旧书，于西窗下钻仰沉吟[35]，仅于不窥园井矣[36]。如是者十年，然后粗沾一命[37]，粗成一名[38]。及今思之，上不能及乌鸟之报复[39]，下未能减亲戚之饥寒[40]，抱衅终身[41]，偷活今日。故李密云[42]："生愿为人兄，得奉养之日长。"[43]吾每念此言，无不雨涕[44]。

汝等又见吾自为御史来,效职无避祸之心[45],临事有致命之志[46],尚知之乎[47]?吾此意虽吾弟兄未忍及此,盖以往岁忝职谏官[48],不忍小见妄干朝听[49],谪弃河南[50],泣血西归[51],生死无告[52]。不幸馀命不殒[53],重戴冠缨[54],常誓效死君前[55],扬名后代,殁有以谢先人于地下耳[56]。

呜呼!及其时而不思,既思之而不及[57],尚何言哉[58]!今汝等父母天地[59],兄弟成行[60],不于此时佩服诗书[61],以求荣达[62],其为人耶,其曰人耶?吾又以吾兄所职易涉悔尤[63],汝等出入游从[64],亦宜切慎[65],吾诚不宜言及于此。

吾生长京城[66],朋从不少[67],然而未尝识倡优之门[68],不曾于喧哗纵观[69],汝信之乎?吾终鲜姊妹[70],陆氏诸生[71],念之倍汝[72],小婢子等既抱吾殁身之恨[73],未有吾克己之诚[74],日夜思之,若忘生次[75]。汝因便录吾此书寄之,庶其自发[76]。千万努力,无弃斯须[77]。稹付仑、郑等。

注释

〔1〕选自唐元稹《元稹集》卷三〇。元稹(779—831),字微之,别字威明,唐河南(今河南洛阳)人,贞元九年(793)明经擢第,后拜同平章事,旋罢相,擅长讽喻诗创作,与白居易共倡新乐府运动,世称"元白"。著有《元氏长庆集》一百卷。《旧唐书》卷一六六、《新唐书》卷一七四有传。元稹有同父异母兄长三人,依序即元沂、元秬、元积,长兄元沂曾官汝阳尉,其他无考。元稹三兄之子可考者仅有其次兄元秬四子:易简、从简、行简、弘简。《诲侄等书》中所谓"侄"元仑、元郑或是其长兄元沂的儿子。

〔2〕谪(zhé哲)窜:贬谪放逐。元稹于元和五年(810)因得罪宦官仇士良等,于三月间被贬官江陵府士曹参军,直至元和九年九月改任唐州从事。这封书函当写于元和五年间,元稹时年三十二岁。

〔3〕未期:无期,谓不知何日。

〔4〕粗:略微。所怀:怀抱;心中所想。语出《庄子·在宥》。贻诲:

使受教诲。

〔5〕心志:意志;志气。

〔6〕冠(guàn贯)岁:古代男子二十岁行冠礼,因称二十岁为冠岁。行登:将要到达。这里即指二十岁。

〔7〕十九童心:谓人十九岁犹不成熟,有孩子气。语本《左传·襄公三十一年》:"于是昭公十九年矣,犹有童心。"

〔8〕自惧:自己戒惧。

〔9〕远谕他人:谓远以他人为比喻。

〔10〕吾兄:谓元仑的父亲。家法:治家的礼法。

〔11〕俭贫:贫乏。元稹《告赠皇考皇妣文》:"始亡兄某得尉兴平,然后衣服饮食之具粗有准常,而犹卑薄俭贫,给不暇足。"

〔12〕置产:购置产业。怠子孙:谓令后代懈怠,懒惰。以上是家庭贫穷的委婉托词。

〔13〕樵苏之地:谓维持日常生计的田产。

〔14〕窃见:私下里观察。

〔15〕下士:比喻较低级的官员。禄:俸禄。

〔16〕窘绝:艰困;穷尽。

〔17〕乞丐:求乞。羁游:羁旅无定。

〔18〕东都:隋唐时指洛阳。御史:即监察御史,唐御史台属官,掌巡按州县,巡查馆驿、监仓、监军与出使等。元稹于元和四年(809)至五年二月在洛阳任监察御史。

〔19〕不省:谓未见过。正色之训:谓神色庄重、态度严肃的教训。

〔20〕鞭笞(chī吃):鞭打;杖击。诘责:责问。

〔21〕为:有。

〔22〕血诚:犹赤诚,谓极其真诚的心意。

〔23〕岐嶷(nì逆):形容幼年聪慧。

〔24〕知方:知礼法。语本《论语·先进》:"可使有勇,且知方也。"

〔25〕严毅之训:谓父亲的训导。元稹的父亲元宽于贞元二年(786)病故,时元稹虚龄八岁。

〔26〕师友之资:谓老师和朋友的相助。

〔27〕慈旨:慈母的教诲。元稹的母亲郑氏贤良,在元稹父亲元宽去世后,担负起教育儿子的重任。白居易《唐河南元府君夫人荥阳郑氏墓志铭并序》:"夫人为母时,府君既殁,积与稹方龆龀,家贫无师以授业,夫人亲执诗书,诲而不倦,四五年间二子皆以通经入仕。"

〔28〕志于学:专心求学。

〔29〕凤翔:即凤翔府(治今陕西凤翔)。

〔30〕齐仓曹家:谓居于齐仓的曹姓人家。齐仓,地名。

〔31〕徒步执卷:拿着书卷步行而去。

〔32〕陆姊夫:元稹的大姐(770—804)嫁与吴郡陆翰,翰历官监察御史。元稹父亲去世后,大姐夫一家对元稹等帮助很大。师授:谓拜师求教。

〔33〕栖栖(xī西):忙碌不安貌。勤勤:勤苦,努力不倦。

〔34〕明经:隋唐科举考试科目之一,以经义、策问取士。因录取人数较多,中唐以后为士人所轻视,而重视进士科。及第:科举应试中选,因榜上题名有甲乙次第,故名。

〔35〕钻仰:深入研求。语本《论语·子罕》:"仰之弥高,钻之弥坚。"沉吟:深思。

〔36〕仅(jìn禁):几乎,接近。不窥园井:形容专于治学,无暇观赏园景。典出《汉书·董仲舒传》:"(仲舒)下帷讲诵,弟子传以久次相授业,或莫见其面。盖三年不窥园,其精如此。"

〔37〕粗沾一命:谓任一低级官职。元稹于贞元十九年(803)登吏部乙科第,授秘书省校书郎。距元稹明经登第正好十年。一命,周时官阶从一命到九命,一命为最低的官阶。这里指代校书郎的官职。

〔38〕粗成一名:谓小有名气。

〔39〕乌鸟之报复:谓报答父母的养育之恩。古称乌鸟(乌鸦)反哺,因以之喻孝亲之人子。报复,酬报,报答。

〔40〕亲戚:与自己有血缘或婚姻关系的人。

〔41〕抱衅:负罪。

〔42〕李密:字令伯(224—287),一名虔,犍为武阳(今四川省眉山市彭山县)人。初仕蜀汉,后仕西晋。作为西晋文学家,其《陈情表》流传后世,被传颂为孝道的典范。

〔43〕"生愿为人兄"二句:今李密传记及文章中未见。二句典出《三国志》卷四十五《蜀书·杨戏传》裴松之注引《华阳国志》:"吴主与群臣泛论道义,谓宁为人弟,密曰:'愿为人兄矣。'吴主曰:'何以为兄?'密曰:'为兄供养之日长。'吴主及群臣皆称善。"

〔44〕雨(yù玉)涕:落泪。

〔45〕效职:尽职。

〔46〕临事:特指治理政事。致命:犹捐躯。

〔47〕尚:副词,庶几,犹言也许可以,带有祈使语气。

〔48〕往岁:当指元和元年(806)四月至九月间居官左拾遗的一段时间。忝职:愧居其职,属于自谦的说法。左拾遗为门下省属官,秩从八品上,掌供奉讽谏,属于谏官。

〔49〕不忍:不忍耐;不忍受。小见:小见识;浅见。属于自谦的说法。干:干涉;干预。朝听:指朝廷或帝王的听闻。

〔50〕谪弃河南:元稹于元和元年(806)九月间因得罪宰相杜佑,被贬官河南县尉。谪弃,犹谪置。

〔51〕泣血西归:元稹的母亲郑氏于元和元年九月十六日在长安靖安里私第去世,得年六十岁。时正值元稹贬官河南县尉,故解官西归至长安奔丧。泣血,无声痛哭,泪如血涌。一说,泪尽血出。这里形容因母亲去世而内心极度悲伤。

〔52〕生死无告:意谓自己仕宦与亲情连遭打击,一己孤苦之情怀无处投诉。

〔53〕馀命不殒(yǔn允):意谓自己性命未尽。殒,死亡。

〔54〕重戴冠缨:元和四年(809)二月,元稹丁母忧服阕,起官监察御史。冠缨,指仕宦。

〔55〕效死君前:谓舍命报效君主。

〔56〕谢:告慰。先人:祖先。

〔57〕"及其时"二句:意谓身处事中来不及思考,事过后再回思已无法补救。

〔58〕尚何言哉:还有什么话可说呢。

〔59〕父母天地:意谓父母皆健在。天地,当谓天覆地载,这里意谓家庭健全。

〔60〕成行:排成行列。

〔61〕佩服:铭记;牢记。诗书:泛指书籍。

〔62〕荣达:位高显达。

〔63〕悔尤:悔恨。

〔64〕出入游从:谓外出交友一类的社会活动。

〔65〕切慎:极其谨慎。

〔66〕京城:唐代以长安(今陕西西安市)为都城。元稹出生、成长于长安。

〔67〕朋从:朋友一辈。

〔68〕"未尝识"句:作者此处有假言欺世之嫌,钱锺书《谈艺录》四八"文如其人"《补订二》业已指出:"元微之《诲侄等书》云:'吾生长京城,朋从不少。然而未尝识倡优之门,不曾于喧哗纵观,汝知之乎。'严词正气,一若真可以身作则者。而《长庆集》中,如《元和五年罚俸西归至陕府思怆曩游五十韵》《寄吴士矩五十韵》《酬翰林白学士代书一百韵》《答胡灵之见寄五十韵》诸作,皆追忆少年酗酒狎妓,其言津津,其事凿凿,《会真》一记,姑勿必如王性之之深文附益可也。"倡优,娼妓及优伶的合称。倡,指乐人;优,指伎人。古本有别,后常并称。

〔69〕喧哗:谓声音大而杂乱的场所,这里特指倡优聚集之地。纵观:恣意观看游赏。

〔70〕鲜(xiǎn显):少。元稹有两位姐姐,大姐见前注〔32〕。二姐(771—806?)出家为尼,道号真一。

〔71〕陆氏诸生:谓大姐与陆翰的子女。生,通"甥",即外甥。

〔72〕念之倍汝:谓自己对外甥们的牵挂更超过对你们的思念(因为外甥们已失去母亲)。

67

〔73〕小婢子等：这里似当指其大姐去世后所遗留下的子女。小婢子，一般谦称自己的小女孩，这里当以大姐之长女作为诸外甥的代表。殁身之恨：谓终生之恨，这里当即指元稹大姐即诸外甥母亲的早逝。元稹大姐已于此封书函撰写之前六年去世。

〔74〕克己之诚：谓克制一己之私情的心念。

〔75〕生次：生命的存在。这里即形容其外甥丧母后的悲伤。

〔76〕庶其自发：意谓也许能令外甥等自行奋发。

〔77〕无弃斯须：意谓不要有须臾片刻的懈怠心理。

点评

  作为家训，这封书信写于元稹三十二岁，此前一年的七月，元稹的爱妻韦丛去世，她所生五个子女，只剩下名为保子的一个女孩，其馀皆夭折。随后元稹又因在监察御史任上得罪宦官仇士良等，遭毒打后即被贬江陵府士曹参军，其人生处境可谓窘迫到了极点。这封《诲侄等书》就是在这种人生逆境中写就，因而感情色彩浓厚。信中结合自己的奋斗经历，语重心长地勉励侄子努力前行，尽管不无文饰自己的虚假言辞，但总的来说，其情还是比较真挚的，特别是对自己外甥的关怀之情，更溢于言表，具有很强的感人魅力。

淮安舟中寄舍弟墨[1]

郑　燮

以人为可爱,而我亦可爱矣;以人为可恶,而我亦可恶矣。东坡一生觉得世上没有不好的人[2],最是他好处。愚兄平生漫骂无礼[3],然人有一才一技之长,一行一言之美,未尝不啧啧称道[4]。橐中数千金[5],随手散尽,爱人故也。至于缺厄欹危之处[6],亦往往得人之力。好骂人,尤好骂秀才[7]。细细想来,秀才受病[8],只是推廓不开[9],他若推廓得开,又不是秀才了。且专骂秀才,亦是冤屈。而今世上那个是推廓得开的?年老身孤,当慎口过[10]。爱人是好处,骂人是不好处。东坡以此受病[11],况板桥乎!老弟亦当时时劝我。

注释

〔1〕选自清郑燮《郑板桥全集·与舍弟书十六通》。郑燮(1693—1766),字克柔,号理庵,又号板桥,扬州府兴化(今属江苏)人。乾隆元年(1736)进士,历官山东范县、潍县知县,乾隆十八年(1753)罢官归里。工诗擅画,曾自订润格,以卖画为生,为扬州八怪之一。今人有整理本《郑板桥全集》。《清史列传》卷七二、《清史稿》卷五〇四有传。淮安,即今江苏省淮安市。此封书信写于乾隆六年(1741)九月间,这一年已经考中进士五年的郑燮四十九岁,从家乡兴化赴京候补官缺,舟行至淮安寄书郑墨。

郑墨是郑燮叔叔郑之标的儿子,为作者堂弟,字五桥(1717—?),小于作者二十五岁,庠生。在郑燮集中,有许多封寄郑墨的书信,可见其叔伯兄弟情谊非同一般。舍,对自己的家或卑幼亲属的谦称。

〔2〕"东坡一生"句:据明陶宗仪《说郛》卷四一下引宋高文虎《蓼花洲闲录》:"苏子瞻泛爱天下士,无贤不肖欢如也。尝言:'自上可以陪玉皇大帝,下可以陪悲田院乞儿。'子由晦黙少许可,尝戒子瞻择交,子瞻曰:'吾眼前见天下无一个不好人。'此乃一病。"东坡,即苏轼(1036—1101),字子瞻,号东坡居士,宋眉州眉山(今属四川)人。宋仁宗嘉祐二年(1057)进士,历官杭州通判,贬黄州团练副使,再贬惠州、儋州,卒于常州,谥文忠。诗词、书画皆有名,《宋史》卷三三八有传。好处,谓优点,长处。

〔3〕愚兄:对同辈而年轻于己者的自我谦称。漫骂:乱骂。无礼:不循礼法;没有礼貌。

〔4〕啧啧(zé则):叹词,这里表示赞叹。称道:称述;赞扬。

〔5〕橐(tuó驼):袋子。

〔6〕缺厄:谓困苦。攲(qī七)危:谓危难。

〔7〕秀才:明清一般称入府、州、县学之生员为秀才,这里用以称书生、读书人。

〔8〕受病:受诟病,受指斥。

〔9〕推廓:犹扩展。

〔10〕口过:言语的过失。

〔11〕东坡以此受病:苏轼为人,性情豪放幽默,喜作诗讥讪朝政,并因此酿"乌台诗案",几乎遭杀身之祸。

点评

古今有大才学者往往性格率真,口无遮拦,能欣赏他人长处,也看不惯别人短处,遇事常好发议论在所难免。宋代苏东坡如此,清代的郑板桥也不免此病。《清史列传·文苑传三》谓郑燮:"家贫,性落拓不羁,喜与禅宗尊宿及期门羽林子弟游,日放言高谈,臧否人物,以是得狂名。"郑燮以宋人苏轼为镜,发现自身性格的不容于时世,与郑墨言及此事,是自警,也是警人,当是发自肺腑的由衷之言。

范县署中寄舍弟墨第四书[1]

郑 燮

十月二十六日得家书[2],知新置田获秋稼五百斛[3],甚喜。而今而后,堪为农夫以没世矣[4]!要须制碓[5]、制磨[6]、制筛罗、簸箕[7]、制大、小扫帚[8]、制升、斗、斛[9]。家中妇女,率诸婢妾,皆令习舂揄蹂簸之事[10],便是一种靠田园长子孙气象[11]。天寒冰冻时,穷亲戚朋友到门,先泡一大碗炒米送手中[12],佐以酱姜一小碟,最是暖老温贫之具[13]。暇日咽碎米饼[14],煮糊涂粥[15],双手捧碗,缩颈而啜之[16],霜晨雪早,得此周身俱暖。嗟乎[17]!嗟乎!吾其长为农夫以没世乎!

我想天地间第一等人,只有农夫,而士为四民之末[18]。农夫上者种地百亩,其次七八十亩,其次五六十亩,皆苦其身,勤其力,耕种收获,以养天下之人。使天下无农夫,举世皆饿死矣。我辈读书人,入则孝、出则弟[19],守先待后[20],得志泽加于民[21],不得志修身见于世,所以又高于农夫一等。今则不然,一捧书本,便想中举、中进士、作官[22],如何攫取金钱、造大房屋、置多田产[23]。起手便错走了路头[24],后来越做越坏,总没有个好结果。其不能发达者,乡里作恶,小头锐面[25],更不可当[26]。夫束修自好者[27],岂无其人;经济自期[28],抗怀千古者[29],亦所在多有。而好人为坏人所累,遂令我辈开不得口;一开口,人便笑曰:"汝辈书生,总是会说,他日居官,便不如此说了。"所以忍气吞声,只得捱人笑骂[30]。工人制器利用,贾人搬有运无[31],皆有便民之处。而士独于民大不便,无怪乎居四民之末也!且求居四民之末而亦不可得也!

愚兄平生最重农夫,新招佃地人[32],必须待之以礼。彼称我为主人,我称彼为客户[33],主客原是对待之义,我何贵而彼何贱乎?要体貌他[34],要怜悯他;有所借贷,要周全他;不能偿还,要宽让他。尝笑唐人《七夕》诗,咏牛郎织女,皆作会别可怜之语,殊失命名本旨[35]。织女[36],衣之源也,牵牛[37],食之本也,在天星为最贵[38];天顾重之[39],而人反不重乎!其务本勤民[40],呈象昭昭可鉴矣[41]。吾邑妇人,不能织绸织布[42],然而主中馈[43],习针线[44],犹不失为勤谨[45]。近日颇有听鼓儿词[46],以斗叶为戏者[47],风俗荡轶[48],亟宜戒之[49]。吾家业地虽有三百亩[50],总是典产[51],不可久恃[52]。将来须买田二百亩,予兄弟二人,各得百亩足矣,亦古者"一夫受田百亩"之义也[53]。若再求多,便是占人产业,莫大罪过。天下无田无业者多矣,我独何人,贪求无厌,穷民将何所措足乎[54]!或曰:世上连阡越陌[55],数百顷有馀者[56],子将奈何?应之曰:他自做他家事,我自做我家事,世道盛则一德遵王[57],风俗偷则不同为恶[58],亦板桥之家法也。哥哥字。

注释

〔1〕选自清郑燮《郑板桥全集·与舍弟书十六通》。范县,清代属山东,今属河南濮阳市,位于今河南省东北部,南濒黄河。这封信写于乾隆九年(1744)十月末。时郑燮任范县县令已经两年半有馀。

〔2〕十月二十六日:谓乾隆九年(1744)农历十月二十六日。

〔3〕秋稼:谓秋季的庄稼收成,这里当指稻米。斛(hú 胡):用于量

粮食的量词。

〔4〕堪为农夫以没世:语出汉杨恽《报孙会宗书》:"窃自念过已大矣,行已亏矣,长为农夫以没世矣。"

〔5〕碓(duì 对):舂米的工具。最早是一臼一杵,用手执杵舂米。后用柱架起一根木杠,杠端系石头,用脚踏另一端,连续起落,脱去下面臼中谷粒的皮。尔后又有利用畜力、水力等代替人力的。

〔6〕磨:用两个圆石盘做成的弄碎粮食的工具。

〔7〕筛罗:一种形似筛子的竹器,用以去除稻米中杂屑等。簸箕:扬米去糠的工具。

〔8〕扫(sào 臊)帚:除去尘土、垃圾等的用具。

〔9〕升斗:皆为容量单位。十合(gě 葛)为一升,十升为一斗。

〔10〕舂(chōng 充)揄(yóu 由)蹂簸(bǒ 播上声):语出《诗·大雅·生民》:"诞我祀如何?或舂或揄,或簸或蹂。"舂,用杵臼捣去谷物的皮壳。揄,舀取。蹂,搓揉。簸,扬米去糠。

〔11〕长(zhǎng 掌)子孙:谓抚育子孙。气象:指事物的情状和态势。

〔12〕炒米:一种用炒米炉子加工而成的膨化食品,泡水后更为松软膨胀,可以充饥饱腹。

〔13〕暖老温贫:谓体恤老年人与贫苦者,令他们感到世间的温暖。

〔14〕暇日:空闲的日子。碎米饼:稻米过筛后留下的碎米粒,淘洗后晾干再磨成米粉,和成米糊发酵一夜,在锅中用油摊制烧烤而成,一面光滑,一面焦黄。两枚饼子焦黄面朝外相叠入口,香脆松软兼而有之。属于江苏一带的风味小吃。

〔15〕糊涂粥:将碎米炒熟后再加水熬成淡黄色的粥。

〔16〕啜(chuò 绰):食;饮。

〔17〕嗟(jiē 阶)乎:叹词,表示感叹。

〔18〕士为四民之末:旧称士、农、工、商为四民,以士为首,以商为末。作者将自己所处"士"的阶层居于"四民"之末,特意突出"农"的地位,有些许自我调侃意味,并不体现其真实思想。

〔19〕"入则孝"二句:语出《论语·学而》:"子曰:'弟子入则孝,出则

悌,谨而信,泛爱众,而亲仁。行有馀力,则以学文。'"弟(tì替),通"悌",谓顺从和敬爱兄长。

〔20〕守先待后:犹继往开来;承先启后。郑燮《焦山读书寄四弟墨》:"秀才亦是孔子罪人,不仁不智,无礼无义,无复守先待后之意。"

〔21〕得志:谓实现其志愿。泽:谓恩德。

〔22〕中(zhòng众)举:科举时代称乡试考中为中举。中(zhòng众)进士:科举时代称殿试考取的人。明代举人经会试中式后即可称为进士。

〔23〕攫(jué绝)取:获取;掠取。

〔24〕起手:起头;开始。路头:犹道路;路线。

〔25〕小头锐面:即"小头而锐",古代相面术中的一种面相。这里形容横行乡里、胡作非为的读书人。

〔26〕不可当:意同"势不可当",谓来势迅猛,不可抵挡。

〔27〕束修自好:即约束自己,不放纵。

〔28〕经济自期:谓以经世济民自我期许的读书人。

〔29〕抗怀千古:谓长远坚守高尚情怀的读书人。

〔30〕捱(ái埃阳平):遭受。

〔31〕贾(gǔ古)人:商人。

〔32〕佃(diàn甸)地人:租种土地的佃户。

〔33〕客户:唐宋时户籍中有主户、客户的区别,客户多指无地佃客。这里沿用古人的相关称谓。

〔34〕体貌:谓以礼相待;敬重。体,通"礼"。

〔35〕"尝笑"四句:唐人《七夕》诗如杜审言五律《奉和七夕侍宴两仪殿应制》:"一年衔别怨,七夕始言归。敛泪开星靥,微步动云衣。天回兔欲落,河旷鹊停飞。那堪尽此夜,复往弄残机。"白居易七绝《七夕》:"烟霄微月澹长空,银汉秋期万古同。几许欢情与离恨,年年并在此宵中。"杜牧七绝《七夕》:"云阶月地一相过,未抵经年别恨多。最恨明朝洗车雨,不教回脚渡天河。"多以相会、别离为主旨,凄凉可怜。郑燮《与金农书》:"赐示《七夕》诗,可谓词严义正。脱尽前人窠臼,不似唐人作为一派亵狎语也。夫织女乃衣之源,牵牛乃食之本,在天星为最贵,奈何作此不经之

说乎!"牛郎织女,牵牛星(俗称牛郎星)和织女星。两星隔银河相对。神话传说:织女是天帝孙女,长年织造云锦,自嫁河西牛郎后,就不再织。天帝责令两人分离,每年只准于七月七日在天河上相会一次。俗称"七夕"。相会时,喜鹊为他们搭桥,谓之鹊桥。古俗在这天晚上,妇女们要穿针乞巧。见《月令广义·七月令》引南朝梁殷芸《小说》、南朝梁宗懔《荆楚岁时记》、《岁华纪丽》卷三引汉应劭《风俗通》。

〔36〕织女:即织女星。织女与其附近两个四等星,成一正三角形,合称织女三星。后衍化为神话人物。

〔37〕牵牛:即河鼓,星座名,俗称牛郎星。后衍化为神话人物。

〔38〕天星:即星。

〔39〕顾重:顾念重视。

〔40〕务本:指务农。勤民:尽心尽力于民事。

〔41〕呈象:谓天象的呈现。昭昭:明白;显著。可鉴:明亮得可以照物。

〔42〕"吾邑"二句:谓作者家乡兴化一带的女子不善纺织。

〔43〕主中馈(kuì溃):指家中供膳诸事。

〔44〕针线:古人指从事缝纫刺绣工作。

〔45〕勤谨:勤劳,勤快。

〔46〕鼓儿词:曲艺名。用小鼓(或战鼓)、犁铧片(或檀板、简板)击板演唱。有吟有颂有说有唱。又叫"单人鼓"或"大鼓"。由于流行地域和吸收其他艺术形式的不同,唱腔又有区别。

〔47〕斗叶:一种博戏,纸牌戏之一种。

〔48〕荡轶:谓放纵;不受约束。

〔49〕亟(jí及)宜:急需。

〔50〕业地:构成家业的地产。

〔51〕典产:谓抵押而来的地产,有被业主赎回的可能。

〔52〕恃:依赖。

〔53〕一夫受田百亩:相传为周朝的田税制度。

〔54〕措足:立足;置身。

〔55〕连阡越陌:谓田地连片。阡陌,即田界。

〔56〕顷:土地面积单位之一,百亩为顷。

〔57〕世道盛:谓社会道德风尚好。一德:谓始终如一,永恒其德。遵王:崇尚王道。

〔58〕风俗偷:谓社会风俗浇薄,不厚道。不同为恶:谓不与坏人同流合污、共同为恶。

点评

　　作者将读书人置于"四民"之末的位置,固然是激愤之言;而将农位于"四民"之首,则是作者务本思想的真实流露。至于这封书信中恤老怜贫的主张,"守先待后,得志泽加于民"的"修齐治平"儒家传统的阐发,廉洁自守,对于社会颓败风气的痛恨等,无不显示出郑燮深沉的救世情怀。作者以此教诲弟弟,属于真情实意,因而语重心长,绝非徒有其表的官样文章可比。

潍县署中寄舍弟墨第一书[1]

郑　燮

读书以过目成诵为能[2]，最是不济事[3]。眼中了了[4]，心下匆匆，方寸无多[5]，往来应接不暇，如看场中美色[6]，一眼即过，与我何与也[7]。千古过目成诵，孰有如孔子者乎？读《易》至韦编三绝[8]，不知翻阅过几千百遍来，微言精义[9]，愈探愈出，愈研愈入，愈往而不知其所穷[10]。虽生知安行之圣[11]，不废困勉下学之功也[12]。东坡读书不用两遍[13]，然其在翰林读《阿房宫赋》至四鼓，老吏苦之，坡洒然不倦[14]。岂以一过即记，遂了其事乎！惟虞世南、张睢阳、张方平，平生书不再读，迄无佳文[15]。

且过辄成诵，又有无所不诵之陋[16]。即如《史记》百三十篇中[17]，以《项羽本纪》为最[18]，而《项羽本纪》中，又以钜鹿之战、鸿门之宴、垓下之会为最[19]。反覆诵观，可欣可泣[20]，在此数段耳。若一部《史记》，篇篇都读，字字都记，岂非没分晓的钝汉[21]！更有小说家言[22]，各种传奇恶曲[23]，及打油诗词[24]，亦复寓目不忘[25]，如破烂厨柜，臭油坏酱悉贮其中，其龌龊亦耐不得[26]。

注释

〔1〕选自清郑燮《郑板桥全集·与舍弟书十六通》。郑燮于乾隆十一年（1746）调任潍县知县，时年五十四岁。潍县即今山东潍坊市，清代属

莱州府。这一年山东岁荒,潍县"人相食",郑燮开仓赈贷,全活万馀人,时有"循吏"之目。

〔2〕过目成诵:看一遍就能背诵出来。形容记忆力极强。

〔3〕济事:成事。

〔4〕了了:明白;清楚。

〔5〕方寸:指心。

〔6〕场:古代指表演技艺的场所。

〔7〕何与:犹言何干。

〔8〕读《易》至韦编三绝:谓读书勤奋、刻苦治学。《史记·孔子世家》:"孔子晚而喜《易》……读《易》,韦编三绝。"春秋时书籍用竹简书写,以皮绳编缀称"韦编",因反复翻览致令皮绳多次断掉。

〔9〕微言精义:精深微妙的言辞与义理。

〔10〕穷:穷尽。

〔11〕生知安行:为"生而知之""安而行之"之省,古人以为圣人方能具有的资质。《礼记·中庸》:"或生而知之,或学而知之,或困而知之,及其知之,一也。或安而行之,或利而行之,或勉强而行之,及其成功,一也。"

〔12〕困勉:为"困知勉行"之省,谓克服困难以获得知识,努力实践以修养品德。语出《礼记·中庸》:"或困而知之……或勉强而行之。"下学:典出《论语·宪问》:"子曰:不怨天,不尤人,下学而上达。""下学"与"上知天命"的"上达"相对,谓学习人情事理的基本常识。

〔13〕东坡读书不用两遍:这是就苏轼读书可过目成诵而言。东坡:即苏轼(1036—1101),参见本书所选郑燮《淮安舟中寄舍弟墨》注〔2〕。

〔14〕"然其"三句:据元元怀《拊掌录》:"东坡在玉堂,一日,读杜牧之《阿房宫赋》凡数遍,每读彻一遍,即咨嗟叹息,至夜分犹不寐。有二老兵皆陕人,给事左右,坐久甚苦之。一人长叹操西音曰:'知他有甚好处,夜久寒甚不肯睡。'连作冤苦声。其一曰:'也有两句好。'其人大怒曰:'你又理会得甚底?'对曰:'我爱他道天下之人不敢言而敢怒。'叔党卧而闻之,明日以告。东坡大笑曰:'这汉子也有鉴识。'"翰林,宋沿唐制,设翰

林学士院,掌起草朝廷的制、诰、诏、令等,备顾问应对。苏轼曾官翰林学士。《阿房宫赋》,唐杜牧撰赋体散文,借古讽今,总结秦王朝因骄奢淫逸而覆亡的历史教训。四鼓,古代分一夜为五更,又称五鼓,四鼓相当于现代计时的凌晨一时至三时。洒然,犹欣然。

〔15〕"惟虞世南"三句:意谓唐人虞世南、张巡,宋人张方平等虽博闻强记,看书不再读,但并没有脍炙人口的文章传世。虞世南(558—638),字伯施,越州馀姚(今浙江慈溪)人。仕唐历官著作郎、秘书监。著名书法家,编有《北堂书钞》,有《虞秘监集》四卷。《旧唐书》卷七二、《新唐书》卷一〇二有传。宋王谠《唐语林》卷二:"太宗尝出行,有司请载副书以从。帝曰:'不须,虞世南在,此行秘书也。'"张巡(708—757),蒲州河东(今山西永济)人,一说邓州南阳(今属河南)人。唐玄宗开元末进士,博览群书,通晓兵法,尚气节,安史之乱中,与许远坚守睢阳(今河南商丘),阻遏了叛军南下江淮,最终壮烈牺牲。《旧唐书》卷一八七下、《新唐书》卷一九二有传。唐韩愈《张中丞传后叙》:"尝见(于)嵩读《汉书》,谓嵩曰:'何为久读此?'嵩曰:'未熟也。'巡曰:'吾于书读不过三遍,终身不忘也。'因诵嵩所读书,尽卷不错一字。嵩惊,以为巡偶熟此卷,因乱抽他帙以试,无不尽然。嵩又取架上诸书,试以问巡,巡应口诵无疑。嵩从巡久,亦不见巡常读书也。为文章,操纸笔立书,未尝起草。"张方平(1007—1091),字安道,号乐全居士,宋应天宋城(今河南商丘)人。宋仁宗景祐元年(1034)举茂材异等科,历官翰林学士、三司使、参知政事,对苏轼有知遇之恩。著有《乐全集》。《宋史》卷三一八有传。宋曾慥《高斋漫录》:"明允一日见安道,问云:'令嗣近日看甚文字?'明允答以轼近日方再看《前汉》,安道云:'文字尚看两遍乎?'明允归以语子瞻曰:'此老特不知世间人果有看三遍者!'安道尝借人十七史,经月即还,云已尽。其天资强记,数行俱下,前辈宿儒,无能及之。"

〔16〕陋:指短浅的见识。

〔17〕《史记》:汉司马迁著,一百三十篇,记事起自黄帝,止于汉武帝,上下三千年,分设本纪、表、书、世家、列传,是我国第一部纪传体通史。

〔18〕《项羽本纪》:见于《史记》卷七,叙述了项羽这位失败英雄的短

暂一生。"本纪"在纪传体史书中,是以帝王传记为纲,记载帝王在位时的大事。《史记》以"本纪"记述项羽,可见作者对项羽的偏爱。

〔19〕钜鹿之战:秦军围困赵军于钜鹿,项羽破釜沉舟,与秦军九战,大破秦军;诸侯军皆作壁上观,拜见项羽。鸿门之宴:公元前206年刘邦攻占秦都咸阳后,派兵守函谷关。不久项羽率四十万大军攻入,进驻鸿门,准备进攻刘邦,经项羽叔父项伯调解,刘邦亲至鸿门会见项羽,项羽留宴,险象环生,最终,刘邦机智脱逃。垓(gāi该)下之会:楚汉相争中的最后的关键一战,刘邦围困项羽于垓下(今安徽灵璧东南),项羽兵少食尽,陷入四面楚歌的境地,终于兵败乌江自刎。

〔20〕可欣可泣:谓读时令人喜悦,又使人感动得流泪。

〔21〕没分晓:谓没有分辨能力。钝汉:蠢人。

〔22〕小说家言:泛指性质不同的各种杂记琐言。这里主要指志怪、传奇一类的小说家言。

〔23〕传奇恶曲:明清以唱南曲为主的长篇戏曲以及民间俗曲等。这是旧时正统文人士大夫文学观念的反映。

〔24〕打油诗词:旧体诗的一种,内容和词句通俗诙谐、不拘于平仄韵律。相传为唐代张打油所创,故称。

〔25〕寓目:犹过目;观看。

〔26〕齷齪(wò chuò 卧啜):卑鄙,丑恶。

点评

这封家书专谈读书,区分了浏览与精读的不同,对于今天仍不无启发意义。晋陶渊明《五柳先生传》形容自己阅读状况说:"好读书,不求甚解,每有会意,便欣然忘食。"这自然是一种浏览的读书方式,若能从中自得其乐,也不失为妙法。宋苏轼《与王庠五首》其五有所谓"八面受敌"的精读法,更发人深省:"卑意欲少年为学者,每一书,皆作数过尽之。书富如入海,百货皆有之,人之精力,不能兼收尽取,但得其所欲求者耳。故愿学者,每次作一意求之。如欲求古人兴亡治乱圣贤作用,但作此意求之,勿生馀念。又别作一次求事迹、故实、典章、文物之类,亦如之。他皆仿此。此虽迂钝,而他日学成,八面受敌,与涉猎者不可同日而语也。"读者若两相比较,可见读书浏览与精读,随目的的不同,各有妙趣,缺一不可。如何读书,也须运用之妙,存乎一心!

潍县署中寄舍弟墨第三书[1]

郑　燮

富贵人家延师傅教子弟[2],至勤至切,而立学有成者[3],多出于附从贫贱之家[4],而己之子弟不与焉[5]。不数年间,变富贵为贫贱:有寄人门下者[6],有饿莩乞丐者[7]。或仅守厥家[8],不失温饱,而目不识丁。或百中之一亦有发达者[9],其为文章,必不能沉着痛快[10],刻骨镂心[11],为世所传诵。岂非富贵足以愚人,而贫贱足以立志而浚慧乎[12]！我虽微官,吾儿便是富贵子弟,其成其败,吾已置之不论;但得附从佳子弟有成[13],亦吾所大愿也。

至于延师傅,待同学,不可不慎。吾儿六岁[14],年最小,其同学长者当称为某先生,次亦称为某兄,不得直呼其名。纸笔墨砚,吾家所有,宜不时散给诸众同学。每见贫家之子、寡妇之儿,求十数钱,买川连纸钉仿字簿[15],而十日不得者,当察其故而无意中与之[16]。至阴雨不能即归,辄留饭;薄暮[17],以旧鞋与穿而去。彼父母之爱子,虽无佳好衣服,必制新鞋袜来上学堂,一遭泥泞,复制为难矣。夫择师为难,敬师为要。择师不得不审[18],既择定矣,便当尊之敬之,何得复寻其短?吾人一涉宦途[19],即不能自课其子弟。其所延师,不过一方之秀,未必海内名流[20]。或暗笑其非,或明指其误,为师者既不自安,而教法不能尽心[21];子弟复持藐忽心而不力于学[22],此最是受病处[23]。不如就师之所长,且训吾子弟不逮。如必不可从,少待来年[24],更请他师;而年内之礼节尊崇,必不可废。

又有五言绝句四首,小儿顺口好读,令吾儿且读且唱,月下坐门槛上,唱与二太太、两母亲、叔叔、婶娘听[25],便好骗果子吃也[26]。

二月卖新丝,五月粜新谷;医得眼前疮,剜却心头肉。[27]
耘苗日正午,汗滴禾下土;谁知盘中餐,粒粒皆辛苦。[28]
昨日入城市,归来泪满巾;遍身罗绮者,不是养蚕人。[29]
九九八十一,穷汉受罪毕;才得放脚眠,蚊虫虼蚤出。[30]

注释

〔1〕选自清郑燮《郑板桥全集·与舍弟书十六通》。这封信约写于乾隆十四年(1749),郑燮任潍县知县已经三年,时年五十七岁。

〔2〕延:聘请。

〔3〕立学有成:谓读书能够有所成就者。

〔4〕附从:谓在富贵人家所设私塾中的贫家子弟随从陪读者。郑燮家当开设有私塾,除自家子弟在此读书外,也允许邻近的贫家子弟就读。

〔5〕不与:谓不在有所成就者之列。

〔6〕寄人门下:借居他人门下,不能自立于世。

〔7〕饿莩(piǎo 瓢上声):谓饿得快死的人。

〔8〕厥家:其家。厥,代词,其,起指示作用。

〔9〕发达:这里当指科举得意者,即中举甚至考中进士。

〔10〕沉着痛快:谓文章坚劲而流利;遒劲而酣畅。

〔11〕刻骨镂心:比喻文章优秀,令人永志不忘。

〔12〕浚慧:谓开掘智慧。

〔13〕佳子弟:才德出众的晚辈。南朝宋刘义庆《世说新语·赏誉下》:"大将军语右军:'汝是我佳子弟,当不减阮主簿。'"

〔14〕吾儿六岁:乾隆九年(1744),郑燮妾饶氏所生子,时年六岁,旋

即夭折。郑燮《潍县署中与舍弟墨第二书》:"余五十二岁始得一子,岂有不爱之理!"此前三十余年,郑燮原配徐氏曾生子犉儿,早夭。

〔15〕川连纸:产自四川,故称川连,色略黄,稍有韧性,薄厚不甚匀,价格较廉。仿字簿:为用毛笔临摹字帖所订的本子。

〔16〕无意中与之:谓在不经意中赠与同学,以免对方难为情。

〔17〕薄暮:傍晚,太阳快落山的时候。

〔18〕审:慎重。

〔19〕宦途:官场。

〔20〕海内:国境之内,全国。古谓我国疆土四面临海,故称。名流:知名人士;名士之辈。

〔21〕教法:教育方法。

〔22〕藐忽心:轻视怠慢之心。不力:不尽力,不用力。

〔23〕受病:受诟病,受指斥。

〔24〕少待:稍等。

〔25〕二太太:指郑墨的母亲,即郑燮的婶母。太太,对长辈妇女的尊称。两母亲:即郑燮《潍县署中与舍弟墨第二书》中所言"郭嫂"与"饶嫂",前者为郑燮之续弦郭氏,后者为郑燮之妾饶氏。叔叔婶娘:即指郑墨夫妇二人。

〔26〕果子:即馃子,泛指糖食糕点等。

〔27〕"二月"四句:唐聂夷中五古《咏田家》诗之前四句,后四句:"我愿君王心,化作光明烛。不照绮罗筵,只照逃亡屋。"郑燮言为"五言绝句",当系误记。粜(tiào 跳),卖出谷物。剜(wān 弯),挖。

〔28〕"耘苗"四句:唐李绅五古《古风二首》其二。通行本首句作"锄禾日当午"。耘,除草。

〔29〕"昨日"四句:宋张俞五绝《蚕妇》诗。首句或作"昨日到城廓"。

〔30〕"九九"四句:语出宋释赜藏《古尊宿语录》卷二〇,后两句作"才拟展脚眠,蚊虫鹩蚤出"。九九八十一,即数九,指冬至日起数九九八十一天的习俗。在这段时间内,天寒地冻,对御寒条件相对较差的"穷汉"来说,十分难挨,经历数九后天气转暖,"受罪毕"。

点评

  此封书信与其弟郑墨专谈儿子的教育问题。郑燮《潍县署中寄舍弟墨第二书》有云:"我不在家,儿子便是你管束。要须长其忠厚之情,驱其残忍之性,不得以为犹子而姑纵惜也。"作者对待自己老年得来的六岁爱子并不溺爱,平等待物,帮助贫苦人家子弟,尊师敬长,从小就培养其博爱情怀,显示了一位正直读书人的长远眼光,的确难能可贵,值得今人深思。

与 香 亭[1]

袁 枚

阿通年十七矣[2]，饱食暖衣，读书懒惰。欲其知考试之难[3]，故命考上元以劳苦之[4]，非望其入学也[5]。如果入学，便入江宁籍贯[6]，祖宗丘墓之乡[7]，一旦捐弃[8]，揆之齐太公五世葬周之义[9]，于我心有戚戚焉[10]。两儿俱不与金陵人联姻[11]，正为此也。不料此地诸生[12]，竟以冒籍控官[13]。我不以为怨，而以为德。何也？以其实获我心故也[14]。不料弟与纾亭大为不平[15]，引成例千言[16]，赴诉于县。我以为真客气也[17]。

夫才不才者本也，考不考者末也。儿果才，则试金陵可，试武林可[18]，即不试亦可。儿果不才，则试金陵不可，试武林不可，必不试废业而后可[19]。为父兄者，不教以读书学文，而徒与他人争闲气[20]，何不揣其本而齐其末哉[21]！知子莫若父[22]，阿通文理粗浮[23]，与"秀才"二字相离尚远。若以为此地文风不如杭州，容易入学，此之谓"不与齐、楚争强，而甘与江、黄竞霸"[24]，何其薄待儿孙[25]，诒谋之可鄙哉[26]！子路曰："君子之仕也，行其义也。"[27]非贪爵禄荣耀也[28]。李鹤峰中丞之女叶夫人慰儿落第诗云[29]："当年蓬矢桑弧意，岂为科名始读书？"[30]大哉言乎！闺阁中有此见解[31]，今之士大夫都应羞死[32]。要知此理不明，虽得科名作高官，必至误国、误民，并误其身而后已。无基而厚墉[33],虽高必颠,非所以爱之,实所以害之也。然而人所处之境,亦复不同,有不得不求科名者,如我与弟是也。家无立锥[34],不得科名,则此身衣食无着。陶渊明云:"聊欲弦歌、以为三径之资"[35],非得已也。有可以不求科名者,如阿通、阿长是也[36]。我弟兄遭逢盛世,清俸之馀[37],薄有田产,儿辈可以度日,倘能安分守己,无险情赘行[38],如马少游所云"骑款段马,作乡党之善人"[39],是即吾家之佳子弟[40],老夫死亦瞑目矣,尚何敢妄有所希冀哉[41]!

不特此也。我阅历人世七十年,尝见天下多冤枉事[42]。有刚悍之才[43],不为丈夫而偏作妇人者;有柔懦之性[44],不为女子而偏作丈夫者;有其才不过工匠、农夫,而枉作士大夫者;有其才可以为士大夫,而屈工匠、村农者。偶然遭际[45],遂戕贼杞柳以为桮棬[46],殊可浩叹[47]!《中庸》有言"率性之谓道",再言"修道之谓教"[48],盖言性之所无,虽教亦无益也。孔、孟深明此理,故孔教伯鱼不过学诗、学礼[49],义方之训[50],轻描淡写,流水行云[51],绝无督责[52]。倘使当时不趋庭[53],不独立[54],或伯鱼谬对以诗、礼之已学,或貌应父命,退而不学诗,不学礼,夫子竟"听其言而信其行"耶[55]?不"视其所以,察其所安"耶[56]?何严于他人,而宽于儿子耶?至孟子则云"父子之间不责善"[57],且以责善为不祥。似乎孟子之子尚不如伯鱼,故不屑教诲,致伤和气,被公孙丑一问[58],不得不权词相答[59]。而至今卒不知孟子之子为何人,岂非圣贤不甚望子之明效大验哉[60]?善乎北齐颜之推曰:"子孙者不过天地间一苍生耳,与我何与,而世人过于珍惜爱护之。"[61]此真达人之见[62],不可不知。

有门下士[63],因阿通不考为我怏怏者[64];又有为我再三画策者[65]。余笑而应之曰:"许由能让天下,而其家人犹爱惜其皮冠[66];鹪鹩愁凤凰无处栖宿,为谋一瓦缝以居之[67]。诸公爱我,何以异兹？韩、柳、欧、苏[68]，谁个靠儿孙俎豆者[69]？箕畴五福，儿孙不与焉[70]。"附及之以解弟与纡亭之惑。

注释

〔1〕选自袁枚《小仓山房尺牍》卷八。袁枚（1716—1798），字子才，号简斋，晚年自号小仓山居士、随园主人、随园老人。钱塘（今浙江杭州）人，祖籍浙江慈溪（今属浙江宁波）。乾隆四年（1739）二甲第五名进士，改翰林院庶吉士，历官沭阳、江宁等县知县，乾隆十三年（1748）辞官，居于江宁随园中，诗酒自娱并广交朋友。与同时赵翼、蒋士铨并称乾隆三大家。论诗倡导性灵说，在诗坛有相当影响。著有《随园三十八种》，包括《小仓山房诗集》《文集》《尺牍》《随园诗话》以及《子不语》等。《清史列传》卷七二、《清史稿》卷四八五有传。香亭，即袁树（1730—？），字芬香，又字豆村，号香亭，又号红豆村人，钱塘（今浙江杭州）人，生于桂林（今属广西），为袁枚之堂弟。乾隆二十八年（1763）三甲第七十五名进士，历官端州（今广东肇庆）知州。著有《红豆村人诗稿》十四卷、《续稿》四卷、《端溪砚谱记》一卷等。

〔2〕阿通：即袁通（1774—？），字兰村，原为袁枚堂弟袁树之子，袁枚六十岁时，袁通过继给袁枚为嗣子。以监生历官河南汝阳知县。这里谓袁通已十七岁，此封书信当写于乾隆五十五年（1790），袁枚时年七十五岁。

〔3〕考试：这里谓童生参加的县试、府试、院试等，通过者即可进学（俗称秀才）。

〔4〕上元：即上元县，在今江苏南京市。

〔5〕入学：又称"进学"，谓童生经考试录取后进府、州、县学读书。

〔6〕江宁：清代江宁府，辖境相当于今江苏南京市以及江宁、六合、江浦、溧水、高淳、句容等县地。籍贯：祖居或个人出生的地方。

〔7〕丘墓之乡：这里指袁枚的原籍慈溪（今属浙江宁波），其六世祖袁茂英为万历间进士，卒葬鄞县（今浙江宁波市鄞州区）。至袁枚祖父袁

锜,家渐式微,始迁居钱塘。丘墓,坟墓。

〔8〕捐弃:抛弃。这里即指其子可能改籍江宁一事。

〔9〕"揆(kuí 魁)之齐太公"句:意谓人老思念故土,难忘祖先。语出《后汉书·班超传》:"超自以久在绝域,年老思土。十二年,上疏曰:'臣闻太公封齐,五世葬周,狐死首丘,代马依风。'"揆,度量;揣度。齐太公,即姜子牙(约前1156—约前1017),亦作姜尚,商末周初人。姜姓,吕氏,名尚,一名望,字子牙,或单呼牙,别号飞熊。相传吕尚七十二岁垂钓渭水之滨的磻溪,遇周文王,被封太师,后辅佐武王伐商纣建立了周朝,并且成为齐国的缔造者。

〔10〕于我心有戚戚焉:意谓令我有所触动,语出《孟子·梁惠王上》。

〔11〕两儿:袁枚除长子袁通为嗣子外,其次子袁迟(1778—?),又名文澜,为袁枚六十三岁时所生,是嫡子。金陵:今江苏南京市的别称,清代也称江宁府。联姻:结亲。袁通于乾隆五十八年(1793)娶浙江杭州某女为妻;袁迟于乾隆六十年(1798)娶浙江湖州沈全宝为妻。

〔12〕此地诸生:谓江宁府生员(俗称秀才)。

〔13〕冒籍:假冒籍贯。控官:谓向当地官府起诉。

〔14〕实获我心:意谓实得我心之所求。语本《诗·邶风·绿衣》:"我思古人,实获我心!"

〔15〕纾亭:即袁知(1728—1800),字纾亭,号雪庐,祖籍新城(今属浙江,位于今杭州市西南部),钱塘(今浙江杭州)人,当为袁枚族弟。乾隆二十七年(1762)顺天乡试举人,官至山西大同府知府。

〔16〕成例:犹先例,惯例。袁枚四十二年前曾任江宁知县,致仕后一直寓居江宁,故其子或有以江宁籍应考的资格。

〔17〕客气:一时的意气;偏激的情绪。

〔18〕武林:旧时杭州的别称,以武林山得名。

〔19〕废业:中止学业。这里指终止科举考试之路。

〔20〕闲气:因无关紧要的事惹起的气恼。

〔21〕揣其本而齐其末:意谓先衡量基地的高低是否一致,再比较其顶端。语本《孟子·告子下》:"不揣其本,而齐其末,方寸之木可使高于岑

楼。"揣,量度;衡量。

〔22〕知子莫若父:了解儿子的无过于父亲。

〔23〕文理:文辞义理;文章条理。粗浮:粗疏浮躁。

〔24〕"此之谓"二句:意谓不想在强的对手中争胜,而仅与弱的对手较胜负。齐楚,春秋时地处东方与南方的两大强国。江黄,春秋时地处今河南一带的两个嬴姓小国。江,其国故城在今河南息县西南;黄,其国故城在今河南潢川西。

〔25〕薄待:轻视;亏待。

〔26〕诒谋:意谓为子孙妥善谋划,使子孙安乐。

〔27〕"子路曰"三句:意谓君子出来做官,只是尽应尽之责任。语出《论语·微子》:"子路曰:'不仕无义。长幼之节,不可废也;君臣之义,如之何其废之?欲洁其身,而乱大伦。君子之仕也,行其义也。道之不行,已知之矣。'"子路,即仲由(前542—前480),字子路,又字季路,春秋末鲁国人,孔子的学生,曾追随孔子周游列国。后死于卫国的内乱。

〔28〕爵禄:官爵和俸禄。荣耀:富贵显耀。

〔29〕李鹤峰中丞:即李因培(1717—1767),字其材,或作其才,号鹤峰,晋宁(今属云南)上蒜乡人。乾隆十年(1745)二甲第九名进士,改庶吉士,历官山东学政、四川按察使,因欺罔罪,赐自尽。著有《鹤峰诗钞》二卷。《清史列传》卷三三八有传。中丞,明清两代对巡抚的称呼。叶夫人:即李含章(1744—?),字兰贞,李因培之长女,嫁归安(今浙江湖州)叶佩荪(1731—1784)为继室,故称叶夫人,夫唱妇随,诗名大噪;生子女各三人,皆能诗文,堪称一门风雅。著有《繁香诗草》一卷。叶佩荪为乾隆十九年(1754)二甲第五名进士,官至河南布政使。能诗文,著有《慎馀斋诗钞》四卷。《清史列传》卷六八、《清史稿》卷四八一有传。落第:谓科举考试未被录取。

〔30〕"当年"二句:为李含章所作七律《慰两儿下第》诗的尾联,全诗:"得失由来露电如,老人为尔重踯躅。不辞羽缎三年铩,可有光分十乘车。四海几人云得路,诸生多半壑潜鱼。当年蓬矢桑弧意,岂为科名始读书。"蓬矢桑弧,古时男子出生,以桑木作弓,蓬草为矢,射天地四方,象征

91

男儿应有志于四方。后用作勉励人应有大志之辞。科名,谓科举功名。

〔31〕闺阁:旧时谓女子卧室,这里借指妇女。

〔32〕士大夫:指读书出仕的男子。

〔33〕无基而厚墉(yōng 庸):谓没有打好基础却要加高加厚高墙。墉,特指高墙。

〔34〕家无立锥:形容地方极小,意谓非常贫穷。立锥,插立锥尖。

〔35〕"陶渊明云"三句:意谓姑且当个县令一类的小官,以解决归隐后的生计问题。语出《晋书·陶潜传》:"以亲老家贫……复为镇军、建威参军,谓亲朋曰:'聊欲弦歌,以为三径之资可乎?'执事者闻之,以为彭泽令。"陶渊明,即陶潜(365—427),参见本书所选《与子俨等疏》注〔1〕。弦歌,语出《论语·阳货》,孔子学生子游任武城宰,以弦歌为教民之具。后因以"弦歌"为出任邑令之典。三径,语出晋赵岐《三辅决录·逃名》:"蒋诩归乡里,荆棘塞门,舍中有三径,不出,唯求仲、羊仲从之游。"后因以"三径"指归隐者的家园。

〔36〕阿长:当指袁树之子,生平不详。

〔37〕清俸:旧称官吏的薪金。

〔38〕险情赘行:谓邪恶之心与丑陋行为。赘行,指赘瘤,形容丑陋的形貌,这里谓丑陋行为。

〔39〕"如马少游"二句:意谓人生不必有太高的目标,只要能够温饱之馀当个小官吏,被乡里称为好人就知足了。语出《后汉书·马援传》:"吾从弟少游常哀吾慷慨多大志,曰:'士生一世,但取衣食裁足,乘下泽车,御款段马,为郡掾史,守坟墓,乡里称善人,斯可矣。致求盈馀,但自苦耳。'"马少游,西汉立有卓越战功的伏波将军马援的堂弟。款段,马行迟缓貌。乡党,泛称家乡。

〔40〕佳子弟:才德出众的晚辈。

〔41〕希冀:希图;希望得到。

〔42〕冤枉:这里意谓人生职能错位的混乱。

〔43〕刚悍:强悍。

〔44〕柔懦:优柔懦弱。

〔45〕遭际:谓机遇;时运。

〔46〕戕(qiāng枪)贼杞(qǐ启)柳以为桮棬(bēi quān 杯悛):意谓逆着人的本性而造就人。语出《孟子·告子上》:"告子曰:'性犹杞柳也,义犹桮棬也。以人性为仁义,犹以杞柳为桮棬。'孟子曰:'子能顺杞柳之性而以为桮棬乎?将戕贼杞柳而后以为桮棬也?如将戕贼杞柳而以为桮棬,则亦将戕贼人以为仁义与?率天下之人而祸仁义者,必子之言夫!'"戕贼,摧残,破坏。杞柳,落叶乔木,枝条细长柔韧,可编织箱筐等器物。桮棬,曲木制成的杯盂。

〔47〕浩叹:长叹,大声叹息。

〔48〕"《中庸》有言"二句:意谓《中庸》所说的循其本性是为途径,遵循此途径就是教的本义。语出《礼记·中庸》。中庸,原是《礼记》第三十一篇,相传为子思所作,是论述儒家人性修养的经典论著,经北宋程颢、程颐极力尊崇,南宋朱熹作《中庸集注》,最终和《大学》《论语》《孟子》并称为"四书"。率性,谓循其本性;尽情任性。修道,谓实践某种原则或思想。

〔49〕"故孔教伯鱼"句:意谓孔子曾站在庭中教育其子孔鲤要学诗与礼。语本《论语·季氏》:"陈亢问于伯鱼曰:'子亦有异闻乎?'对曰:'未也。尝独立,鲤趋而过庭,曰:"学诗乎?"对曰:"未也。""不学诗,无以言。"鲤退而学诗。他日又独立,鲤趋而过庭,曰:"学礼乎?"对曰:"未也。""不学礼,无以立。"鲤退而学礼。闻斯二者。'"伯鱼,即孔鲤(前532—前483),字伯鱼,孔子的儿子,因其出生时鲁昭公赐孔子一尾鲤鱼而得名。孔鲤先孔子而亡。

〔50〕义方:行事应该遵守的规范和道理。

〔51〕流水行云:比喻孔子教诲儿子纯任自然,毫无拘执。

〔52〕督责:督促责备。

〔53〕趋庭:即孔鲤"趋而过庭"的缩略语。后世常谓子承父教。

〔54〕独立:谓孔子单独站立于庭中。

〔55〕听其言而信其行:意谓相信他人言行一致。语本《论语·公冶长》:"子曰:'始吾于人也,听其言而信其行;今吾于人也,听其言而观其行。'"

〔56〕"视其所以"二句:意谓孔子认为真正认识一个人,就要考查他所结交的朋友,了解他安于什么、不安于什么的心理。语本《论语·为政》:"子曰:'视其所以,观其所由,察其所安,人焉廋哉?人焉廋哉?'"

〔57〕父子之间不责善:意谓父子之间不因求好而互相责备。语本《孟子·离娄上》:"公孙丑曰:'君子之不教子,何也?'孟子曰:'势不行也。教者必以正。以正不行,继之以怒。继之以怒,则反夷矣。夫子教我以正,夫子未出于正也。则是父子相夷也。父子相夷,则恶矣。古者易子而教之,父子之间不责善。责善则离,离则不祥莫大焉。'"

〔58〕公孙丑:战国时期齐国人,孟子弟子,上述《孟子》即为公孙丑提问。

〔59〕权词:谓随机应变之词。

〔60〕明效大验:很显著的效验。

〔61〕"善乎"四句:意谓颜之推所言甚有道理,子孙不过是天地间众生而已,与自己无关,但世人却无比珍惜爱护。语本北齐颜之推《颜氏家训》卷五《归心》:"夫有子孙,自是天地间一苍生耳,何预身事?而乃爱护,遗其基址,况于己之神爽,顿欲弃之哉?"颜之推(531—595?),参见本书所选《齐人教子之谬》注〔1〕。苍生,指百姓。

〔62〕达人:通达事理的人。

〔63〕门下士:学生,弟子。

〔64〕怏怏:不服气或闷闷不乐的神情。

〔65〕画策:谋画策略;筹划计策。

〔66〕"许由"二句:意谓能让出天下的许由,却被平民之家防备他偷走皮冠。语出《韩非子·说林下》:"尧以天下让许由,许由逃之,舍于家人,家人藏其皮冠。夫弃天下而家人藏其皮冠,是不知许由者也。"许由,亦作"许繇",传说中的隐士。相传尧让以天下,不受,遁居于颍水之阳箕山之下。尧又召为九州长,由不愿闻,洗耳于颍水之滨。事见《庄子·逍遥游》《史记·伯夷列传》。家人,谓平民之家。皮冠,古代打猎时戴的帽子,加于礼冠之上,用以御尘,亦以御雨雪。

〔67〕"鹪鹩"二句:意谓易于自足的鹪鹩以自己的生活体验为凤凰

谋画居所，未免可笑。鹡鹩，鸟名，体形小，长约三寸。凤凰，古代传说中的百鸟之王，雄的叫凤，雌的叫凰，通称为凤或凤凰，羽毛五色，声如箫乐。瓦缝，屋瓦的接缝。

〔68〕韩：韩愈（768—824），唐代文学家。柳：柳宗元（773—819），唐代文学家。欧：欧阳修（1007—1072），宋代文学家。苏：苏轼（1036—1101），宋代文学家。

〔69〕俎(zǔ 组)豆：俎和豆。古代祭祀、宴飨时盛食物用的两种礼器。这里谓祭祀，奉祀。

〔70〕"箕畴五福"二句：意谓《尚书》中《洪范》篇所谓"五福"，并不涉及儿孙。箕畴，指《书·洪范》之"九畴"，相传"九畴"为箕子所述，故名。"五福"为九畴中最后一畴，谓五种幸福。《尚书·周书·洪范》："五福：一曰寿，二曰富，三曰康宁，四曰攸好德，五曰考终命。"所谓"攸好德"，即遵行美德。所谓"考终命"，即享尽天年得善终。

点评

　　这是一封就具体问题探讨儿子前程的家书。袁枚做过江宁县令，而且已经在地处江宁小仓山的随园定居多年，但终非现任官员，这是当地诸生"以冒籍控官"的根据。袁枚深知被判"冒籍"的结果难以改变，无可奈何中以儿子袁通天资稍欠为词自我解嘲，故作达观之论，却又因涉及对人生读书目问题的探讨，而客观上令这封家书的指归得到提升，有了穿越历史的思想高度，从而对于今天也有相当的认识价值。书信中文字典雅，对于古代典籍信手拈来，宛转曲折道出隐衷，读者当仔细体会，方能理解作者深切的爱子之情。

寄 内 子（论教子）[1]

纪 昀

父母同负教育子女责任[2]。今我寄旅京华[3]，义方之教[4]，责在尔躬[5]。而妇女心性[6]，偏爱者多。殊不知爱之不以其道，反足以害之焉。其道维何？约言之有四戒、四宜[7]：一戒晏起[8]，二戒懒惰，三戒奢华，四戒骄傲。既守四戒，又须规以四宜：一宜勤读，二宜敬师，三宜爱众[9]，四宜慎食[10]。

以上八则，为教子之金科玉律[11]，尔宜铭诸肺腑[12]，时时以之教诲三子，虽仅十六字，浑括无穷[13]。尔宜细细领会，后辈之成功立业，尽在其中焉。书不一一[14]，容后续告。

注释

〔1〕选自襟霞阁主编《清十大名人家书》。纪昀(1724—1805)，字晓岚，一字春帆，晚号石云，道号观弈道人，直隶献县(今属河北沧州市)人。乾隆十九年(1754)二甲第四名进士，历官编修、内阁学士、礼部尚书、协办大学士，卒谥文达。学问渊博，有通儒之誉，曾任《四库全书》总纂官，另著有《阅微草堂笔记》《纪文达公文集》等。《清史稿》卷三二〇有传。内子，自己的妻子。

〔2〕"父母"句：此一句不似清中叶文人口吻，当是编者襟霞阁主原所拟标题于排印时因错简而阑入者。

〔3〕京华:京城之美称,这里即指京师(今北京市)。

〔4〕义方:行事应该遵守的规范和道理。

〔5〕尔躬:你自身。

〔6〕心性:性情;性格。

〔7〕约言之:谓简要言之。

〔8〕晏起:因贪睡而迟起。

〔9〕爱众:谓博爱大众。

〔10〕慎食:约束口腹之欲。

〔11〕金科玉律:谓不可变更的法令或规则,此处比喻不可变更的信条。

〔12〕铭诸肺腑:牢记在心中。

〔13〕浑括无穷:谓无限概括。

〔14〕书不一一:书信中不详细说。旧时书信结尾常用语。

点评

纪昀教子的所谓"四戒""四宜"的十六字方针,言简意赅,从生活起居、待人接物、品德修养乃至勤奋问学、尊师重道皆有涉及,涵义深刻,并不空洞,是儒家传统教育理念的简约概括,对于今天仍有相当的认识价值。

训三儿拱枢(训诫专心读书)[1]

林则徐

字谕拱儿知悉[2]。尔年已十三矣,余当尔年,已补博士弟子员[3]。尔今文章尚未全篇[4],并且文笔稚气[5],难望有成,其故由于不专心攻苦所致[6]。昨接尔母来书,云尔喜习画,夫画本属一艺,古来以画传名者,指不胜屈[7],不过泰半是名士高人、达官显宦[8],方足令人敬慕[9]。若胸中茅塞未开[10],所画必多俗气,只能充作画匠耳[11]。若欲成画师[12],须将腹笥储满[13],诗词兼擅,薄有微名,则画笔自必超脱[14],庶不被人贱视也[15]。

注释

〔1〕选自襟霞阁主编《清十大名人家书》。林则徐(1785—1850),字元抚,又字少穆、石麟,晚号俟村老人、俟村退叟、七十二峰退叟、瓶泉居士、栎社散人等,侯官(今福建福州市)人。嘉庆十六年(1811)二甲第四名进士,历官江苏按察使、东河河道总督、江苏巡抚、湖广总督、两广总督、云贵总督、钦差大臣,病卒于广东潮州,谥文忠。林则徐才识过人且待下虚衷,虎门销烟、抗击英国侵略者、治理黄河,皆有功绩。著有《云左山房诗文钞》《林文忠公政书》等。《清史稿》卷三六九有传。林拱枢(1827—1880),字心北,林则徐第三子。道光二十二年(1842),林则徐遣戍新疆,林拱枢曾随往。道光二十五年(1845)七月,林拱枢随林则徐到西安,冬天

回福州参加童试。道光三十年(1850)，林则徐病逝。三年后，林拱枢丧服期满，由吏部引荐，以县学生赏举人，补内阁中书，历官刑部郎中、江南道、山西道、河南道监察御史、山西汾州府知府。据书信中"尔年已十三"之语，此信当写于道光十九年(1839)。

〔2〕知悉：知晓。旧时多用于上对下的文书、信件。

〔3〕博士弟子员：明清童生经过县、府、院试合格，可进学，称"补博士弟子员"，即俗所称"秀才"。林则徐于嘉庆三年(1798)在福州府经过院试进学，成为秀才，时年十三足岁，属于少年才俊。

〔4〕文章：这里特指八股文章。八股文是明清科举考试的功令文，读书人欲走仕宦之路，必须刻苦揣摩钻研，方有成功的希望。全篇：明清八股文形制屡有变化，但一般包括破题、承题、起讲以及起股、中股、后股、束股等几大部分。学习八股一般先从破题、承题的写作学起，"尚未全篇"即谓林拱枢尚无独立完成一篇八股文的能力。

〔5〕稚气：谓八股文写作的火候欠佳，不成熟。

〔6〕攻苦：指刻苦攻读。

〔7〕指不胜屈：形容数量很多，扳着指头数也数不过来。

〔8〕泰半：大半，过半。名士：指名望高而不仕的人。高人：旧时谓志行高尚的人，多指隐士、修道者等。达官显宦：犹言达官贵人。

〔9〕敬慕：尊敬仰慕。

〔10〕茅塞：谓为茅草所堵塞。语出《孟子·尽心下》："山径之蹊间，介然用之而成路；为闲不用，则茅塞之矣。今茅塞子之心矣！"后人常用来比喻思路闭塞。

〔11〕画匠：画工，旧时多指缺乏艺术性的画家。

〔12〕画师：旧时多称有相当艺术造诣的画家。

〔13〕腹笥(sì 四)：意谓腹中所记之书籍和所有的学问如装在书箱中，语出《后汉书·边韶传》："边为姓，孝为字。腹便便，五经笥。"笥，书箱。

〔14〕超脱：高超脱俗。

〔15〕庶：副词。或许，也许。贱视：轻视。

点评

  这篇训子家书从八股文章的学习谈起,谴责其子不刻苦努力。同时,信中又涉及学习绘画与钻研诗文的关系问题,虽带有旧时文人士大夫轻视艺术的某种偏见,但那种"如果欲学诗,工夫在诗外"(宋陆游《示子遹》)的谆谆教导,在今天也不无认识价值。

谕 纪 泽[1]

曾 国 藩

字谕纪泽儿：

接尔安禀[2]，字画略长进[3]，近日看《汉书》[4]。余生平好读《史记》、《汉书》、《庄子》、韩文四书[5]，尔能看《汉书》，是余所欣慰之一端也[6]。

看《汉书》有两种难处，必先通于小学、训诂之书[7]，而后能识其假借奇字[8]；必先习于古文辞章之学[9]，而后能读其奇篇奥句[10]。尔于小学、古文两者皆未曾入门，则《汉书》中不能识之字、不能解之句多矣。欲通小学，须略看段氏《说文》《经籍籑诂》二书[11]。王怀祖(名念孙,高邮州人)先生有《读书杂志》[12]，中于《汉书》之训诂极为精博[13]，为魏晋以来释《汉书》者所不能及。欲明古文，须略看《文选》及姚姬传之《古文辞类纂》二书[14]。班孟坚最好文章[15]，故于贾谊、董仲舒、司马相如、东方朔、司马迁、扬雄、刘向、匡衡、谷永诸传[16]，皆全录其著作；即不以文章名家者，如贾山、邹阳等四人传[17]，严助、朱买臣等九人传[18]，赵充国屯田之奏[19]，韦元成议礼之疏[20]，以及贡禹之章、陈汤之奏狱[21]，皆以好文之故，悉载钜篇[22]。如贾生之文[23]，既著于本传[24]，复载于《陈涉传》《食货志》等篇[25]；子云之文[26]，既著于本传[27]，复载于《匈奴传》《王贡传》等篇[28]，极之《充国赞》《酒箴》[29],亦皆录入各传。盖孟坚于典雅瑰玮之文[30],无一字不甄采[31],尔将十二帝纪阅毕后[32],且先读列传。凡文之为昭明暨姚氏所选者[33],则细心读之;即不为二家所选,则另行标识之[34]。若小学、古文二端略得途径,其于读《汉书》之道思过半矣[35]。

世家子弟最易犯一"奢"字、"傲"字。不必锦衣玉食而后谓之奢也[36],但使皮袍呢褂俯拾即是[37],舆马仆从习惯为常[38],此即日趋于奢矣。见乡人则嗤其朴陋[39],见雇工则颐指气使[40],此即日习于傲矣。《书》称:"世禄之家,鲜克由礼。"[41]《传》称:"骄奢淫佚,宠禄过也。"[42]京师子弟之坏[43],未有不由于"骄"、"奢"二字者,尔与诸弟其戒之。至嘱[44],至嘱!

咸丰六年十一月初五日[45]

注释

〔1〕选自清曾国藩《曾国藩家书·治学篇·读书论文》。曾国藩(1811—1872),字伯涵,号涤生,湖南湘乡人。道光十八年(1838)三甲第四十二名进士,改翰林院庶吉士,历官两江总督、直隶总督、武英殿大学士,封一等毅勇侯。在清廷镇压太平军中创立湘军,后又参与剿灭捻军,并积极推进洋务运动,卒谥文正。著有《曾文正公全集》。《清史列传》卷四五、《清史稿》卷四〇五有传。曾纪泽(1839—1890),字劼刚,曾国藩长子。以荫生补户部员外郎,后袭侯爵。光绪四年(1878)曾任驻英、法公使,补太常寺、大理寺少卿,擢都察院左副都御史,调户部左侍郎,管理同文馆事务。卒谥惠敏。著有《曾惠敏公遗集》。《清史列传》卷五八、《清史稿》卷四四六有传。谕,教导;教诲。这封书信写于咸丰六年(1856)十一月,曾国藩在南昌军营中,时年四十六岁,曾纪泽时年十八岁。

〔2〕安禀:报平安的家书。禀,对上报告。

〔3〕字画:谓书信文字的笔画、笔形。

〔4〕《汉书》:又名《前汉书》,东汉班固撰,是中国第一部纪传体断

代史。其体例沿用《史记》而略有变更，包括纪十二篇、表八篇、志十篇、传七十篇，共一百篇，记载了上自汉高祖六年（前201），下至王莽地皇四年（23），共220余年的历史。《汉书》语言庄严工整，多用排偶，遣辞造句典雅远奥，与《史记》平畅的口语化文字形成鲜明对照。自《汉书》以后，中国纪史方式都仿照其纪传体的断代史体例纂修。

〔5〕《庄子》：又名《南华真经》，道家著作。今存三十三篇，相传内篇七篇为庄子所作，外篇十五篇、杂篇十一篇为其弟子与后人所作。有晋郭象注。韩文：唐代韩愈的文章。韩愈（768—824），字退之，河内河阳（今河南孟州市）人，昌黎为韩氏郡望，遂有韩昌黎之称，卒谥文，后世多以韩文公称之。唐德宗贞元八年（792）登进士第，贞元十六年（800）参加吏部试，通过铨选，历官国子监四门博士、监察御史，贬阳山令，迁刑部侍郎，贬潮州刺史，唐代古文运动代表人物，为文汪洋恣肆。著有《昌黎先生集》四十一卷，门人李汉编辑。《旧唐书》卷一六〇、《新唐书》卷一七六皆有传。

〔6〕一端：指事情的一点或一个方面。

〔7〕小学：文字学、训诂学、音韵学之总称，也用来传指文字学。训诂：指对古书字句所作的解释。

〔8〕假借：六书之一，谓本无其字而依声托事。奇字：汉王莽时六体书之一，大抵根据古文加以改变而成。

〔9〕古文：文体名，指先秦两汉用文言所作散文。辞章：这里谓文章的写作技巧与修辞等。

〔10〕奇篇奥句：谓《汉书》中奇特奥妙的字句。

〔11〕段氏《说文》：清段玉裁（1735—1815）所著《说文解字注》，是清代《说文》研究的重要成果。《经籍籑诂》：清阮元（1764—1849）在浙江督学时请几十位文士集体编撰的一部大型的训诂词典，汇集了唐以前经传子史中的大量训释，成书于嘉庆三年（1798）。

〔12〕王怀祖：即王念孙（1744—1832），字怀祖，号石臞，高邮州（今属江苏扬州市）人，王引之之父。乾隆四十年（1775）二甲第七名进士，历官陕西道御史、吏科给事中、山东运河道、直隶永定河道。平生笃守经训，剖析入微，著有《读书杂志》《广雅疏证》《导河议》《河源纪略》等。《清史列

传》卷六八、《清史稿》卷四八一有传。《读书杂志》：王念孙著，八十二卷，校勘《逸周书》《战国策》《史记》《汉书》《管子》《晏子春秋》《墨子》《荀子》《淮南内篇》诸书文字，并附研究汉代碑文的《汉隶拾遗》一种。是书校勘与训诂相结合，是阅读古籍和研究古代词语的重要参考书。

〔13〕精博：精深博大。

〔14〕《文选》：南朝梁萧统（501—531）编撰的诗文总集。萧统为梁武帝萧衍长子，天监元年（502）立为皇太子，未及即位而卒，谥昭明。故后人也习称《文选》为《昭明文选》。凡三十卷，包罗了先秦至南朝梁初叶的重要作品。姚姬传：即姚鼐（1732—1815），字姬传，一字梦谷，室名惜抱轩，桐城（今属安徽）人。乾隆二十八年（1763）二甲第三十五名进士，历官礼部主事、刑部郎中，后绝意仕进，主讲扬州梅花、江南紫阳、南京钟山等地书院四十多年，尤以散文名世，与方苞、刘大櫆并称为"桐城三祖"。著有《惜抱轩全集》等，编选《古文辞类纂》。《清史列传》卷七二、《清史稿》卷四八五有传。《古文辞类纂》：姚鼐编的一部文章总集。选录战国至清代的古文，依文体分为论辨、序跋、奏议、书说、赠序、诏令、传状、碑志、杂记、箴铭、颂赞、辞赋、哀祭等十三类。所选作品主要为《战国策》《史记》、两汉散文家、唐宋八大家及明归有光、清方苞、刘大櫆等的古文。书首有序目，略述各类文体的特点、源流及其义例。该书选文，代表了桐城派散文的观点。

〔15〕班孟坚：即班固（32—92），字孟坚，扶风安陵（今陕西咸阳东北）人。班固是东汉著名史学家、文学家，撰写《汉书》，前后历时二十馀年。《后汉书》卷四十上有传。

〔16〕贾谊：洛阳（今河南洛阳东）人（前200—前168），西汉初年著名政论家、文学家，又称"贾生"。董仲舒：广川郡（今河北衡水市景县）人（前179—前104），西汉思想家、哲学家、政治家、教育家。司马相如：字长卿（约前179—前118），蜀郡成都（今属四川）人，西汉辞赋家。东方朔：本姓张，字曼倩（前154—前93），平原郡厌次（今山东德州市陵县）人，西汉时期著名的文学家。司马迁：字子长（前145—前90），夏阳（今陕西韩城南）人，一说龙门（今山西河津）人，西汉著名的史学家、文学家、思想家。

扬雄：字子云（前53—18），蜀郡成都（今属四川）人，西汉著名经学家、辞赋家。刘向：初名更生，字子政（前77？—前6），彭城（今江苏徐州）人，西汉著名目录学家、经学家、史学家。匡衡：字稚圭（生卒年不详），东海郡承县（今山东枣庄市）人，西汉著名经学家。谷永：字子云（？—前9），长安（今陕西西安）人，西汉经学家。

〔17〕贾山：颍川（今河南许昌市禹州市）人，约汉文帝元年前后在世，西汉政论散文家。邹阳：齐（今属山东）人，西汉文学家（前206？—前129）。四人传：贾山、邹阳传在《汉书》卷五一，本卷另有枚乘、路温舒二人传。

〔18〕严助：本名庄助（？—前122），吴县（今江苏苏州市）人，西汉辞赋家，因与淮南王刘安有交，被汉武帝诛杀。《汉书》避汉明帝刘庄讳改。朱买臣：字翁子（生卒年不详），吴县（今属江苏）人，汉武帝时曾平叛东越，后因事被杀。九人传：严助、朱买臣传在《汉书》卷六四上，本卷另有吾丘寿王、主父偃、徐乐、严安、终军、王褒、贾捐之七人传。

〔19〕赵充国：字翁孙（前137—前52），陇西上邽（今甘肃天水）人，后移居湟中（今青海西宁地区），西汉著名将领，曾平定西羌，施行屯田，为"麒麟阁十一功臣"之一。屯田之奏：《汉书》卷六九收录赵充国连续三上有关屯田的奏疏全文。

〔20〕韦元成：即韦玄成（？—前36），字少翁，鲁国邹（今山东邹城）人，丞相韦贤之子，汉元帝时曾任丞相七年，卒谥共侯。曾国藩避清讳，改"玄"字作"元"字。议礼之疏：《汉书》卷七三《韦贤传》附《韦玄成传》，收录了汉元帝时韦玄成等群臣累数次讨论礼仪问题的上疏。

〔21〕贡禹之章：《汉书》卷七二《贡禹传》录其所上有关治国安民之道的奏章，连篇累牍。贡禹（前127—前44）字少翁，琅琊（今山东诸城）人，汉元帝时曾任御史大夫。陈汤之奏狱：陈汤（？—前6？），字子公，山阳瑕丘（今山东兖州北）人，汉元帝时，他任西域副校尉，曾假传圣旨与西域都护甘延寿一起出奇兵攻杀与西汉王朝相对抗的匈奴郅支单于，为安定边疆做出了很大贡献。官至射声校尉、从事中郎，封关内侯，后因罪被贬为庶人。《汉书》卷七〇《陈汤传》记述陈汤等奇袭郅支单于获胜归来，

因"矫制"与私藏战利品,引来群臣的攻击。故宗正刘向上疏替陈汤等辨白,这些相关的文章,班固《汉书》都详加收录。

〔22〕钜篇:谓长篇大论。

〔23〕贾生之文:谓贾谊的文章。

〔24〕著于本传:《汉书》卷四八《贾谊传》收录有贾谊的《吊屈原赋》《鹏鸟赋》《治安策》(《陈政事疏》)等。

〔25〕"复载"句:《汉书》卷三一《陈胜项籍传》收录有贾谊《过秦论》,卷二四上《食货志》收录有贾谊《论积贮疏》。

〔26〕子云之文:谓扬雄的文章。

〔27〕著于本传:《汉书》卷八七《扬雄传》收录有扬雄的赋《反离骚》《河东赋》《长杨赋》《解嘲》《解难》等。

〔28〕"复载"句:《汉书》卷六四下《匈奴传》收录有扬雄《上书谏勿许单于朝》一文,卷七二《王贡两龚鲍传》收录有扬雄《法言·问神篇》片段。

〔29〕极之:推到极致。《充国赞》:即赵充国颂。《汉书》卷六九《赵充国辛庆忌传》收录有扬雄遵汉成帝之命为赵充国画像所作颂一篇。《酒箴》:《汉书》卷九二《游侠传》收录有扬雄劝谏汉成帝的《酒箴》一篇。

〔30〕典雅:谓文章、言辞有典据,高雅而不浅俗。瑰玮(wěi 伟):谓文章内容奇特,文辞壮丽。

〔31〕甄采:鉴别采用,选择采用。

〔32〕十二帝纪:《汉书》卷一至卷一二,分别为《高帝纪》《惠帝纪》《高后纪》《文帝纪》《景帝纪》《武帝纪》《昭帝纪》《宣帝纪》《元帝纪》《成帝纪》《哀帝纪》《平帝纪》。其中《帝纪》分上下二卷。

〔33〕昭明:谓《文选》,参见上注〔14〕。暨(jì 计):与;及;和。姚氏:谓《古文辞类纂》。参见上注〔14〕。

〔34〕标识(zhì 志):标明;做出标志。

〔35〕思过半:谓已领悟大半。

〔36〕锦衣玉食:形容生活优裕。

〔37〕俯拾即是:俯身拾取,即得此物。言其多且易得。

〔38〕舆马:车马。仆从:跟随在身边的仆人。

〔39〕嗤:讥笑;嘲笑。朴陋:简陋;质朴无华。

〔40〕颐指气使:谓以下巴的动向和脸色来指挥人。常以形容指挥别人时的傲慢态度。

〔41〕"《书》称"三句:语出《尚书·周书·毕命》,大意是,《尚书》有云:世代享有爵禄的人家,很少能够遵循礼教的约束。世禄,古代有世禄之制,贵族世代享有爵禄。鲜(xiǎn显),少。克,能够。由礼,遵循礼教。

〔42〕"《传》称"三句:语出《左传·隐公三年》:"骄奢淫佚,所自邪也。四者之来,宠禄过也。"大意是,骄横奢侈,荒淫无度,是因为给予的宠幸和富贵太多的缘故。《传》,即《左传》,又称《春秋左氏传》《左氏春秋》,相传为春秋时鲁左丘明所撰,记自鲁隐公元年至鲁悼公四年间二百六十年史事。骄奢淫佚,谓骄横奢侈,荒淫无度。佚,谓放荡;放纵。宠禄,谓给予宠幸和富贵。

〔43〕京师子弟:谓居住在京城的官宦人家后代。坏,衰亡。

〔44〕至嘱:谓极恳切的嘱咐。

〔45〕咸丰六年十一月初五日:即公元1856年12月2日。

点评

  这篇训子家书学术性极强,绝非一般的泛泛而论,字里行间渗透着父亲对儿子的殷殷期许。作者得知儿子正在研读《汉书》,不顾正与太平军鏖战的戎马倥偬,立即提出读此书的两处难点,特别是对《汉书》较之《史记》多载辞赋、奏章等文章的特点,细加评说,举重若轻,如数家珍,虽于此前,赵翼《廿二史劄记》卷二《〈汉书〉多载有用之文》业已指出,但也反映了曾国藩治学厚积薄发的内蕴。书信之末对官宦人家子弟"骄""奢"二字的分剖,言简意赅,切中时弊,对于今天也有极高的认识价值。

谕纪泽纪鸿[1]

曾国藩

字谕纪泽纪鸿儿：

今日专人送家信，甫经成行[2]，又接王辉四等带来四月初十日之信（尔与澄叔各一件）[3]，借悉一切[4]。

尔近来写字，总失之薄弱[5]，骨力不坚劲[6]，墨气不丰腴[7]，与尔身体向来轻字之弊正是一路毛病。尔当用油纸摹颜字之《郭家庙》[8]，柳字之《琅琊碑》《元秘塔》[9]，以药其病。日日留心，专从厚重二字上用工。否则字质太薄[10]，即体质亦因之更轻矣。

人之气质[11]，由于天生，本难改变，惟读书则可变化气质。古之精相法者[12]，并言读书可以变换骨相[13]。欲求变之之法，总须先立坚卓之志[14]。即以余平生言之，三十岁前最好吃烟，片刻不离，至道光壬寅十一月二十一日立志戒烟[16]，至今不再吃。四十六岁以前做事无恒[17]，近五年深以为戒，现在大小事均尚有恒。即此二端，可见无事不可变也。尔于厚重二字，须立志改变。古称金丹换骨[18]，余谓立志即丹也。

满叔四信偶忘送[19]，故特由驲补发[20]。此嘱。

涤生手示[21]

同治元年四月二十四日[22]

注释

〔1〕选自清曾国藩《曾国藩家书·家教篇·教子侄修身》。纪泽:即曾纪泽(1839—1890),曾国藩长子。参见前选《谕纪泽》注〔1〕。纪鸿,即曾纪鸿(1848—1881),字栗诚,为曾国藩次子,父亲去世后荫赏举人,充兵部武选司郎官。酷爱数学,兼通天文、地理、舆图诸学,唯身体欠佳,三十四岁即去世。

〔2〕甫经成行:谓刚刚动身。

〔3〕王辉四:曾国藩的家乡人,生平不详。澄叔:即曾国潢(1820—1886),原名国英,字澄侯,族中排行第四,为曾麟书第二子,捐监生出身,常年在家乡操持家务。

〔4〕借悉:意谓通过曾纪泽与曾国潢的家书得知家中消息。

〔5〕薄弱:谓书法笔力单薄,不雄厚。

〔6〕骨力:谓书法的用笔。

〔7〕墨气:谓书法的结体。丰腴:丰满。

〔8〕油纸:当指一种专门用来摹写字帖的用纸。摹:谓将油纸盖在帖上,照碑帖原样摹写。郭家庙:即唐代颜真卿所书《郭家庙碑铭》,全称《有唐故中大夫使持节寿州诸军事寿州刺史上柱国赠太保郭公庙碑铭》,唐代宗李豫隶书题额,颜真卿撰并书。此碑乃唐代名臣郭子仪为其父郭敬之所立的家庙碑,今藏西安碑林。其字体遒古雄劲,含蕴浑厚,疏朗流畅。颜真卿(709—784),字清臣,孔子学生颜回的后裔,唐代京兆万年(今陕西西安)人,祖籍琅琊临沂(今山东临沂),开元二十二年(734)进士,官至吏部尚书、太子太师,封鲁郡公,人称"颜鲁公"。兴元元年(784)被叛将李希烈杀害,追赠司徒,谥文忠。他是唐代著名书法家,创立"颜体",与柳公权并称"颜柳",书界有"颜筋柳骨"之誉。

〔9〕琅琊碑:即《集柳碑》,又称《普照寺碑》。金皇统四年(1144),临沂普照禅寺主事和尚妙济禅师觉海修缮寺院,特请仲汝尚撰写《沂州普照禅寺兴造记》碑文,又集唐著名书法家柳公权的墨迹共1261字,精刻上石,称《集柳碑》。又因碑文有"琅琊之佛祠"数字,故又称《琅琊碑》。康熙七年(1668)临郯大地震,此碑倒地碎成数截,道光年间,又被和尚刮洗。

今仅存清拓本。元秘塔:即《玄秘塔碑》,全称《唐故左街僧录内供奉三教谈论引驾大德安国寺上座赐紫大达法师玄秘塔碑铭并序》,唐裴休撰文,柳公权书并篆额。唐会昌元年(841)立。现存陕西西安碑林。全碑共二十八行,行五十四字,下截每行磨损二字,其馀完好。此碑习者众多,视为柳体的代表作。曾国藩避本朝先帝康熙御名"玄烨"讳,故称"元秘塔"。清刘熙载《艺概》曾谓"柳书《玄秘塔》出自颜真卿《郭家庙》"。柳公权(778—865),字诚悬,京兆华原(今陕西铜川市耀州区)人,兵部尚书柳公绰之弟。元和三年(808)进士,历仕宪、穆、敬、文、武、宣、懿七朝,官至太子少师,封河东郡公,以太子太保致仕,故世称"柳少师"。是唐代著名书法家,楷书"柳体"的创立者。

〔10〕字质太薄:谓笔道流便,不厚重。

〔11〕气质:指人的生理、心理等素质,是相当稳定的个性特点。

〔12〕相法:观察面相体态等以卜吉凶的方法。

〔13〕骨相:指人的骨骼、形体、相貌。

〔14〕坚卓:犹坚贞。

〔15〕吃烟:谓吸旱烟。

〔16〕道光壬寅:道光二十二年(1842)。曾国藩时年三十二岁。

〔17〕无恒:没有恒心。

〔18〕金丹换骨:道家说法,吃了金丹之后,能换去凡骨凡胎而成仙。金丹,古代方士炼金石为丹药,曾国藩在这里以"立志"作为"金丹"。

〔19〕满叔:即曾国葆(1828—1862),字季洪,又字事恒,他是曾家五兄弟中年纪最幼者,称"满叔"或以此。咸丰九年(1859)曾国葆因悲愤其兄曾国华战殁于三河镇,即加入湘军作战,且改名为曾贞干,建有大功,后因操劳过度病逝于南京雨花台湘军大营内。

〔20〕驲(rì日):古代驿站专用的车,后亦指驿马。驿站即古时供传递文书、官员来往及运输等中途暂息、住宿的地方。

〔21〕手示:书信用语,表示自己亲笔所书。

〔22〕同治元年四月二十四日:即公元1862年5月22日。

点评

　　这封家书对于两位爱子的具体指导与宏观教诲兼而有之,其意殷殷,溢于言表。指导习字用帖的选择,针对性强,属于因材施教;鼓励多读书并持之以恒,以求"变换骨相",是普适化的教导。宋代苏轼《和董传留别》一诗有名句"腹有诗书气自华",读书可以令人的精神面貌发生变化,甚至有脱胎换骨之效用,耕读人家奉若神明,官宦人家也笃信不疑,可见此说不虚,古今中外概莫能外!

谕 纪 瑞[1]

曾 国 藩

字寄纪瑞侄左右[2]：

前接吾侄来信，字迹端秀，知近日大有长进。纪鸿奉母来此[3]，询及一切，知侄身体业已长成，孝友谨慎[4]，至以为慰。吾家累世以来[5]，孝悌勤俭[6]。辅臣公以上吾不及见[7]，竟希公、星冈公皆未明即起[8]，竟日无片刻暇逸[9]。竟希公少时在陈氏宗祠读书，正月上学，辅臣公给钱一百，为零用之需。五月归时，仅用去一文，尚余九十九文还其父。其俭如此。星冈公当孙入翰林之后[10]，尤亲自种菜收粪。吾父竹亭公之勤俭[11]，则尔等所及见也。今家中境地虽渐宽裕，侄与诸昆弟切不可忘却先世之艰难[12]，有福不可享尽，有势不可使尽。"勤"字工夫，第一贵早起，第二贵有恒；"俭"字工夫，第一莫着华丽衣服，第二莫多用仆婢雇工。凡将相无种[13]，圣贤豪杰亦无种，只要人肯立志，都可以做得到的。侄等处最顺之境，当最富之年[14]，明年又从最贤之师，但需立定志向，何事不可成？何人不可作？愿吾侄早勉之也。荫生尚算正途功名[15]，可以考御史[16]。待侄十八九岁，即与纪泽同进京应考[17]。然侄此际专心读书，宜以八股、试帖为要[18]，不可专恃荫生为基，总以乡试、会试能到榜前[19]，益为门户之光[20]。

纪官闻甚聪慧[21],侄亦以立志二字兄弟互相劝勉,则日进无疆矣[22]。顺问近好。

涤生手示

同治二年十二月十四日[23]

注释

〔1〕选自清曾国藩《曾国藩家书·家教篇·教子侄修身》。纪瑞即曾纪瑞(1850—1880),字伯祥,号符卿,行科四,为一品荫生、廪生,历官兵部员外郎,钦加三品衔,诰授奉直大夫。他是曾国藩的三弟曾国荃的长子,英年早逝,年仅三十一岁。

〔2〕左右:旧时信札常用以称呼对方。

〔3〕纪鸿:即曾纪鸿(1848—1881),曾国藩次子。参见前选《谕纪泽纪鸿》注〔1〕。其母即曾国藩夫人欧阳氏,同治二年(1863),欧阳氏等来到曾国藩的安庆督署。

〔4〕孝友:事父母孝顺、对兄弟友爱。

〔5〕累世:历代;接连几代。

〔6〕孝悌(tì替):又作"孝弟",谓孝顺父母,敬爱兄长。

〔7〕辅臣公:即曾国藩的高祖父曾辅臣(1722—1776),号辅庭,派名尚庭,字兴庭,一生务农。

〔8〕竟希公:即曾国藩的曾祖父曾竟希(1743—1816),派名衍胜,字儒胜,别称慎斋,诰赠光禄大夫。星冈公:即曾国藩的祖父曾玉屏(1774—1849),号星冈,诰封中宪大夫,累赠光禄大夫。

〔9〕暇逸:闲散安逸。

〔10〕孙入翰林:谓曾国藩自己于道光十八年(1838)考中三甲第四十二名进士,随即改翰林院庶吉士。翰林,即翰林院,为掌国史笔翰,备左右顾问的官署。设学院院士满、汉各一人,下设侍读学士、侍讲学士、侍读、侍讲、修撰、编修、检讨等职。下属机构有庶常馆、起居注馆、国史馆等。翰林官为清要之职,历来为人所重。

113

〔11〕竹亭公：即曾麟书(1790—1857)，派名毓济，字竹亭，四十三岁进学(俗称秀才)。诰封中宪大夫、荣禄大夫、光禄大夫，诰赠建威将军、武英殿大学士、两江总督、一等毅毅侯等。

〔12〕昆弟：兄弟。

〔13〕将相无种：《史记·陈涉世家》："且壮士不死即已，死即举大名耳，王侯将相宁有种乎！"种，族类，指天生的贵命。

〔14〕最富之年：意谓年纪轻。

〔15〕荫(yìn印)生：旧时代由于上代有功勋被特许为具有任官资格的人。清代官生，即国子监生中之品官子弟，相对于民生而言，亦称荫生。其中又有"恩荫"，清代荫叙之制，凡遇覃恩，文职京官四品、外官三品以上，武职二品以上，皆可荫其子孙一人入官，称恩荫。正途功名：清制官吏以进士、举人出身与以恩贡、拔贡、副贡、岁贡、优贡、荫贡出身的称正途。由捐纳或议叙而得官的称异途。

〔16〕考御史：谓考选所谓"科道官"，明清六科给事中与都察院各道监察御史统称科道官。《清史稿·选举五》："定制由科甲及恩、拔、副、岁、优贡生、荫生出身者为正途，馀为异途。异途经保举，亦同正途，但不得考选科、道。"

〔17〕纪泽：即曾纪泽(1839—1890)，曾国藩长子。参见前选《谕纪泽》注〔1〕。进京应考：这里谓以荫生资格直接进京参加顺天乡试，中式即为举人。

〔18〕八股：即八股文，明清科举考试的一种文体，也称制艺、制义、时艺、时文、八比文。其体源于宋元的经义，而成于明成化以后，至清光绪末年始废。文章就"四书"或"五经"取题。开始先揭示题旨，为"破题"。接着承上文而加以阐发，叫"承题"。然后开始议论，称"起讲"。再后为"入手"，为起讲后的入手之处。以下再分"起股""中股""后股"和"束股"四个段落，而每个段落中，都有两股排比对偶的文字，合共八股，故称八股文。试帖：即试帖诗，一种诗体名，也称"赋得体"。源于唐代，由"帖经""试帖"影响而产生，为科举考试所采用。清乾隆二十二年(1757)以后，科举增试试帖诗，为五言六韵或八韵的排律，以古人诗句或成语为题，冠

以"赋得"两字,并限韵脚。其格式限制尤严,内容大多直接或间接为皇帝歌功颂德,并须切题。

〔19〕乡试:科举考试名。明清两代一般每三年一次在各省省城与京师(称顺天乡试)举行乡试。中式者称"举人"。即会试不第,亦可依科选官。会试:明清科举制度,一般每三年会集各省举人于京城考试为"会试",由礼部主持,中式者称贡士,第一名称会元。贡士随后参加由皇帝主持的殿试,将与试的贡士分别以三甲排名,始称进士。明清乡、会试结束皆张榜公布名次。

〔20〕门户:犹言门第,指家庭在社会上的等级地位。

〔21〕纪官:即曾国荃的次子曾纪官(1852—1881),字剑农,号焱卿,一字愚卿,又号显臣,行科六。自幼聪颖过人,过目不忘,同治七年(1868),年仅十六,即入湘乡县学,曾国藩称之为"少年秀才"。可惜身体欠佳,不足二十岁即去世。

〔22〕日进无疆:谓天天进步,永远不停息。

〔23〕同治二年十二月十四日:即公元1864年2月1日。

点评

曾氏一门,世代务农,从曾国藩考中进士才开始发迹。曾国藩饱读诗书,堪称通古今之变,因而没有丝毫暴发户那般"得志便猖狂"的不可一世心态,而是教诲子侄不能忘本,须处处小心谨慎。所谓"有福不可享尽,有势不可使尽"十二字,除追慕祖先勤俭之风的底蕴外,恐惧曾门后代家风难以持续,也是其忧患所在。至于勉励二侄于科举更上层楼,更显示出长辈的关怀备至,而通过刻苦读书以光宗耀祖,正是儒家传统价值观的体现。

致沅弟书[1]

曾国藩

弟之忧灼[2],想犹甚于初十以前。然困心横虑[3],正是磨砺英雄玉汝于成[4]。李申夫尝谓余忾气从不说出[5],一味忍耐,徐图自强。因引谚曰:"好汉打脱牙和血吞。"此二语是余生平咬牙立志之诀,不料被申夫看破。余庚戌、辛亥间,为京师权贵所唾骂[6];癸丑、甲寅,为长沙所唾骂[7];乙卯、丙辰间,为江西所唾骂[8];以及岳州之败、靖江之败、湖口之败[9],盖打脱牙之时多矣,无一次不和血吞之。弟此次郭军之败[10],三县之失[11],亦颇有打脱门牙之象。来信每怪运气不好,便不似好汉声口[12]。惟有一字不说,咬定牙根,徐图自强而已。

注释

〔1〕选自清曾国藩《曾国藩家书·军事篇·部署策略》。这是曾国藩在周家口致其九弟(族中大排行)曾国荃的家书,时间为同治五年十二月十八日(1867年1月23日)。曾国荃(1824—1890),字沅浦,号叔纯,为曾国藩三弟。咸丰二年(1852)贡生,为湘军主要将领之一,在镇压太平军的过程中积功历官知府、浙江布政使、湖北巡抚,加太子太保,封一等伯,官至两江总督兼通商大臣。他率湘军攻陷天京(今南京),烧杀抢掠,为舆论所责难。卒谥忠襄。《清史列传》卷五九、《清史稿》卷四一三有传。同

治五年,曾国荃起任湖北巡抚,帮办军务,协调镇压捻军。这一年的十二月初六日,东捻军在湖北钟祥大败清提督郭松林军,郭松林几为捻军所俘,仅侥幸逃归。十二月初十日与十二日曾国荃曾连致三函于其兄,抱怨自己运气欠佳,曾国藩即回此函加以劝慰。最终,曾国荃以镇压捻军不力,称病退职。

〔2〕忧灼:忧虑焦急。

〔3〕困心横虑:意谓心意困苦,忧虑满胸;亦指费尽心思。"横"亦作"衡",语出《孟子·告子下》:"困于心,衡于虑,而后作。"

〔4〕磨砺:在磨刀石上磨擦,引申为磨练。玉汝于成:像打磨璞玉一样磨练你,使你成才。

〔5〕李申夫:即李榕(1818—1890),原名李甲先,字申夫,剑州(今四川剑阁)人。咸丰二年(1852)二甲第六十四名进士,改翰林院庶吉士,转礼部主事。咸丰九年(1859),曾国藩奏调湘军营务,以军功授浙江盐运使、湖北按察使、湖南布政使。同治八年(1869),坐事罢归,主剑州兼山书院和江油登龙书院、匡山书院讲席以终。有《十三峰书屋全集》传世。怄(òu沤)气:闹情绪,生闷气。

〔6〕"余庚戌"二句:谓道光三十年庚戌(1850)与咸丰元年辛亥(1851)间,太平天国军兴,曾国藩因"深痛内外臣工谄谀欺饰,无陈善责难之风",应诏陈言,上疏咸丰帝,引来京师权贵的不满。

〔7〕"癸丑甲寅"二句:谓咸丰三年癸丑至四年甲寅(1853—1854),太平军攻占南京,立为首都,天下震动。曾国藩在长沙筹建湘军,严明纪律,惹来地方官府上下的责难。

〔8〕"乙卯丙辰"二句:谓咸丰五年乙卯(1855)至六年丙辰(1856)间,曾国藩湘军水师被太平天国石达开等困于江西南昌一带,筹饷艰辛,难以为力,并引起江西地方官员的抗拒。

〔9〕岳州之败:咸丰四年(1854)三月间,太平军进攻湖南,曾国藩湘军陆军、水师在岳州迎战太平军,皆遭溃败,此为湘军初次失利。靖江之败:咸丰四年四月初,湘军水师与太平军激战于靖港市,西南风起,为太平军所乘,战船皆为所焚或被掠,曾国藩羞愤中两次投水自尽,被部下所救。

湖口之败：咸丰五年（1855）二月间，太平军石达开部与湘军水师在九江东部的湖口激战，焚毁湘军大量船只，曾国藩座船亦被俘获，曾国藩投江，被部下救起。湘军水师损失殆尽。

〔10〕郭军之败：同治五年十二月初六日（1867年1月11日），东捻军赖文光等在湖北钟祥大败清廷提督郭松林军，郭松林中埋伏为捻军生俘，因伤足被弃于道，逢旧部负逃归。

〔11〕三县之失：东捻军一度攻占云梦、应城、天门等处，但寻又失去。

〔12〕声口：口气。

点评

在这封家书中，曾国藩以一"忍"字现身说法，鼓励其弟"咬定牙根，徐图自强"。其间政治立场等因素，这里姑且不论，只是"好汉打脱牙和血吞"一说，不无立身处世的认识价值，类似于今天人们所常说的"情商"。所谓"忍"之一说，源于《尚书·周书·君陈》："必有忍，其乃有济；有容，德乃大。"军国大事自然是"小不忍则乱大谋"，欲使家庭和谐亦须忍字当头。《旧唐书·孝友传》："郓州寿张人张公艺，九代同居……麟德中，高宗有事泰山，路过郓州，亲幸其宅，问其义由。其人请纸笔，但书百馀'忍'字。高宗为之流涕，赐以缣帛。"可见"忍"之一事，无论巨细，谈何容易！曾国藩这封书信诚属兄长开导兄弟的肺腑之言，是友于真情的流露！

致保弟（谈读史之法）

道光十四年二月十四日[1]

胡 林 翼

读手书[2]，知不以兄言为谬[3]，且肯尽力研究史学，闻之快甚。惟读史第一须有判断，第二须有抉择。判断所以定古人之优劣，古事之正否，详察当日之情形，扫去陈腐之议论，而后判断斯不误[4]。抉择所以定史书之价值，盖史书甚多，而皆各就本人之见解以发挥，或失之偏，自所难免，非加抉择，易为人欺。至《史记》一书，有敏锐之眼光，具高超之玄想[5]，文笔又极其变幻不可捉摸，并足以鼓荡人之志气[6]。彼蓄其郁勃之气[7]，借此一泄，宜乎磅礴广大[8]，非馀子所可望尘以及者也[9]。宜细玩之[10]，宜细玩之。

注释

〔1〕选自襟霞阁主编《清十大名人家书》。胡林翼（1812—1861），字贶生，号润芝，益阳（今属湖南）人。道光十六年（1836）二甲第二十九名进士。授编修，历官四川按察使、湖北布政使署巡抚。抚鄂期间，注意整饬吏治，引荐人才，协调各方关系，曾多次推荐左宗棠、李鸿章、阎敬铭等，为时人所称道，与曾国藩、李鸿章、左宗棠并称为"中兴四大名臣"。后在武昌咯血死。有《胡文忠公遗书》等。保弟，即胡林翼堂弟胡保翼（？—1855），历官贵州仁怀知县、知府，奉政大夫正六品。道光十四年二月十四

日,即公元1834年3月23日。

〔2〕手书:亲笔写的书信。

〔3〕谬:谬误;差错。

〔4〕斯:连词。犹则;乃。

〔5〕玄想:谓超脱世俗的思想。

〔6〕鼓荡:鼓动激荡。

〔7〕郁勃:形容气势旺盛、充满生机。

〔8〕磅(páng 旁)礴:气势盛大貌。

〔9〕馀子:当谓司马迁以后撰《汉书》的东汉班固、撰《后汉书》的南朝宋范晔、撰《三国志》的西晋陈寿等人。

〔10〕玩:研讨;反复体会。

点评

　　古人说:"以史为镜,可以知兴替。"这封家书专与兄弟讨论研读历史的问题,且郑重其事,仿佛是学者间的切磋商讨,如此亲情较相互间的嘘寒问暖更显深沉。在有所谓"正史"地位的众多史书中,《史记》的崇高地位向为论者所公认,其"史才""史学""史识"三者更为后世所推崇。胡林翼并非史家,但讨论读史问题头头是道,可见科举出身的官员具有真才实学者并不罕见。

谕　子(示刚柔之道)[1]

彭玉麟

强凌弱,众暴寡[2],势利之天下[3],岂自今日始?惟有坚毅卓立之精神足敌之[4]。从古跻帝王卿相之尊者[5],有是精神;为圣贤豪杰者,有是精神。临难不畏,逢敌不惧,故能不亢不卑而成大事业[6]。余性素刚强,每喜与京都名公巨卿之作威作福者寻仇[7],亦未尝无卓立坚毅之精神,不畏强御[8],务使欲心敛迹而后已[9]。近来入世稍深[10],觉天地间刚柔不可偏废[11],太刚则易折,太柔则易靡[12]。刚非暴戾恣睢之谓也[13],强矫可已[14];柔非卑弱懦下之谓也[15],谦退可已[16]。创家业则刚[17],乐守成则柔[18];与名公巨卿论国事则刚,与兄弟父子论享受则柔。若名已立而功已成,广置田园,大兴土木,劳工而疲财[19],乃自满之象,非谦退之道也,其业易隳[20],其名易裂[21],非吾所乐闻也。

注释

〔1〕选自襟霞阁主编《清十大名人家书》。彭玉麟(1816—1890),字雪琴,号退省庵主人、吟香外史,祖籍衡阳县(今属湖南衡阳市),生于安庆(今属安徽省安庆市),以附学生员(俗称秀才)投湘军起家并从政,终于成为清朝著名政治家、军事家、书画家,人称雪帅,为湘军水师创建者、中国近代海军奠基人。官至两江总督兼南洋通商大臣、兵部尚书,封一等轻

车都尉。卒谥刚直,赠太子太保。《清史列传》卷五八、《清史稿》卷四一〇有传。彭玉麟之子彭永钊(1846—1878),却是一位纨绔子弟,这封家书明显具有一定的针对性。

〔2〕"强凌弱"二句:谓以人多势众的强大一方去欺凌、迫害人少势弱的一方。语出《商君书·画策》:"神农既没,以强胜弱,以众暴寡。"

〔3〕势利:指以地位、财产等分别对待人的恶劣表现或作风。

〔4〕坚毅:坚定有毅力。卓立:独立,自立。

〔5〕跻(jī基):升登,达到。卿相:执政的大臣。

〔6〕不亢不卑:不高傲,也不自卑。形容对人的态度或言语得体。

〔7〕京都:京师;国都。这里即指今北京市。名公巨卿:指有名望的权贵。作威作福:本指国君专行赏罚,独揽威权。后因以"作威作福"指握有生杀予夺大权。寻仇:寻隙为仇或故意作对。

〔8〕强御:豪强,有权势的人。

〔9〕欲心:贪心。敛迹:收敛形迹。谓有所顾忌而不敢放肆。

〔10〕入世:谓投身于社会。

〔11〕刚柔:这里谓刚强与柔和的二元对立。

〔12〕靡:披靡,倒下。

〔13〕暴戾恣睢(suī虽阴平):残暴凶狠,恣意横行。

〔14〕强矫:即对"强哉矫"三字的概括,语本《礼记·中庸》:"子路问强。子曰:'南方之强与?北方之强与?抑而强与?宽柔以教,不报无道,南方之强也,君子居之。衽金革,死而不厌,北方之强也,而强者居之。故君子和而不流,强哉矫!中立而不倚,强哉矫!国有道,不变塞焉,强哉矫!国无道,至死不变,强哉矫!'"强矫,意谓真正刚强者的处世原则,即德义之勇。彭玉麟以"强矫"作为真正的"刚"的定义。

〔15〕卑弱懦下:卑微畏怯柔弱。

〔16〕谦退:谦让。彭玉麟视"谦退"为真正的"柔"的定义。

〔17〕创家业:这里是开创基业的意思,并不局限于积累家产的个体范围。

〔18〕守成:保持前人的成就和业绩。

〔19〕劳工:令做工者辛劳。疲财:令财用困乏。

〔20〕隳(huī挥):毁坏;废弃。

〔21〕裂:败坏。

点评

  这篇教子书在强调对于社会弱肉强食的丛林法则的无奈外,论述了处世刚强与柔和的辩证关系,并流露出对某些人功成名就之后即"广置田园,大兴土木"的自满之象的鄙夷,其意殷殷,其言谆谆,虽仅于大处落墨,却显示了长辈对于晚辈无微不至的关怀与爱护。据《清史稿》本传:"玉麟刚介绝俗,素厌文法,治事辄得法外意。不通权贵,而坦易直亮,无倾轧倨傲之心。"可见他是一位身体力行自家主张的清廉官员,绝非言过其实。读者掩卷细思,彭玉麟所展示的处世原则具有一定的普适性,并不仅局限于他所处的那个时代。

致　弟（劝知足）[1]

彭玉麟

人而谦退，便是载福之道[2]。然而谦退者，历古来能有几人？不谦退则贪欲日炽而常不知足[3]，居堂厦矣[4]，轮奂巍然而尚思亭榭池台之胜[5]；食肥甘矣[6]，鼎鼐和调而尚思驼峰象白之嗜[7]。衣必极锦绣之奇，饰必炫珠翠之珍[8]，养尊而处优[9]，骄纵不自敛束[10]，皆覆亡之道也。方望溪先生谓汉文帝身为九五之尊，常念小民之疾苦，忧廑宵旰，自奉俭约，此其所以为明君也[11]。此亦知足不辱之象[12]。人处家庭间，能以父母之待我过慈，而愧对之，则不失其孝；能以兄弟之待我过爱者，而愧对之，则不失其悌[13]；处社会中，能以友朋之待我过惠者，而愧对之，则不失其信[14]；以君臣间之待我过厚者，而愧对之，则不失其忠。孝悌忠信之道，亦何尝不从知足中得来？反是，则嫌父母之待我不慈，兄弟之待我太苛，于友朋则启衅隙[15]，于君臣则生怨望[16]，自恃无愧无怍[17]，怨人太啬太薄[18]，德以满而损[19]，福以骄而折[20]，可不慎乎！吾自随戎幕而绾兵符[21]，位尊得君恩独优，日常以此自悚愧[22]，恐居高自危，处处谨慎，未知能免殒蹶否也[23]？特以此意告弟，请代约束子侄，居乡党中[24]，诚勿藉势逞骄，害我官声也[25]。

注释

〔1〕选自襟霞阁主编《清十大名人家书》。彭玉麟有弟彭玉麒(1821—?),曾一度外出经商二十馀年,后回乡家居,年六十馀岁,早于其兄彭玉麟卒。

〔2〕载福:承受福惠。清纪昀《阅微草堂笔记·滦阳消夏录三》:"君居心如是,自非载福之道,亦无庸我报。"

〔3〕贪欲日炽:谓贪婪之心如火一般愈烧愈旺盛。

〔4〕堂厦:大的屋宇。

〔5〕轮奂:即"美轮美奂",形容屋宇高大众多。巍然:高大雄伟貌。亭榭池台:亭阁台榭,池苑楼台。

〔6〕肥甘:指肥美的食品。

〔7〕鼎鼐和调:相传商武丁问傅说治国之方,傅以如何调和鼎中之味喻说,遂辅武丁以治国。后因以"鼎鼐调和"比喻处理国政。这里仅用其字面义,意即食物精美可口。鼎鼐,鼎和鼐,古代两种烹饪器具。驼峰:骆驼背上的肉峰。古代作为珍馐之一。象白:指象脂,比喻珍贵的食品。嗜:贪,贪求。

〔8〕珠翠:珍珠和翡翠。妇女华贵的饰物。

〔9〕养尊而处优:即"养尊处优",谓处于尊贵地位,过优裕生活。

〔10〕骄纵:骄傲放纵。敛束:约束,收敛。

〔11〕"方望溪"五句:指方苞《汉文帝论》:"三王以降,论君德者,必首汉文,非其治功有不可及也。自魏、晋及五季,虽乱臣盗贼,暗奸天位,皆泰然自任而不疑,故用天下以恣睢而无所畏忌。文帝则幽隐之中,常若不足以当此,而惧于不终。此即大禹'一夫胜予'、成汤'栗栗危惧'之心也。世徒见其奉身之俭,接下之恭,临民之简,以为黄老之学则然,不知正自视缺然之心之所发耳。"方望溪,即方苞(1668—1749),字凤九,号灵皋,晚年号望溪,亦号南山牧叟,江南桐城(今安徽桐城市)人,生于江宁府(今江苏南京市)。康熙四十五年(1706)会试考中第四名贡士,以母病未与殿试。后因戴名世《南山集》案牵连入狱,被赦后历官翰林院侍讲学士、内阁学士兼礼部侍郎,充武英殿总裁。后辞归,卒于里。著有《春秋通论》《礼

记析疑》与《望溪文集》等。方苞是清代散文家,桐城派散文创始人,与姚鼐、刘大櫆合称桐城三祖。《清史列传》卷一九、《清史稿》卷二九〇有传。汉文帝,即刘恒(前203—前157),汉高祖刘邦第四子,汉惠帝刘盈之弟。吕后死后,太尉周勃、丞相陈平等将诸吕一网打尽,迎立代王刘恒入京为帝,前180年至前157年在位。在位期间励精图治,兴修水利,衣着朴素,废除肉刑,令汉朝进入强盛安定的时期。九五之尊,指帝王。忧廑(qín勤),同"忧勤",多指帝王为国事而忧虑勤劳。宵旰(gàn赣),即"宵衣旰食",谓天不亮就穿衣起身,天黑了才吃饭,形容非常勤劳,多用以称颂帝王勤于政事。明君,贤明的君主。

〔12〕知足不辱:自知满足就不会招致羞辱。象:征兆,迹象。

〔13〕悌(tì替):谓敬爱兄长。

〔14〕信:诚实不欺。《论语·学而》:"为人谋而不忠乎?与朋友交而不信乎?"

〔15〕衅隙:仇怨;隔阂。

〔16〕怨望:怨恨;心怀不满。

〔17〕怍(zuò座):羞惭。

〔18〕啬(sè涩):悭吝。薄:虚假刻薄,不诚朴宽厚。

〔19〕满而损:谓因自满而招致损害。语出《尚书·大禹谟》:"惟德动天,无远弗届。满招损,谦受益,时乃天道。"

〔20〕骄而折:谓因骄傲而招致挫败。

〔21〕戎幕:军府;幕府。绾(wǎn宛):系结。兵符:古代调兵遣将用的一种凭证。这里借指兵权。

〔22〕悚(sǒng耸)愧:惶恐惭愧。

〔23〕殒蹶(yǔn jué陨绝):坠落跌倒。

〔24〕乡党:泛称家乡。

〔25〕官声:为官的声誉。

点评

作者的弟弟与子侄辈家居乡里之中,廉洁自守的兄长不放心在外经商有年的弟弟不识谦退之道,即化用"知足不辱"以及"满招损,谦受益"的古训,反复加以开导,意在说明以身作则并要约束子侄的重要性。"官声"好坏在正直士大夫心目中的重要地位不言而喻,一位谦谦有君子之风的儒将风采跃然纸上,令后人敬仰。

文人别集中的散行家训

思想史の方法と対象

单者易折,众者难摧[1]

司马光

夫人爪牙之利[2],不及虎豹;膂力之强[3],不及熊罴[4];奔走之疾,不及麋鹿[5];飞扬之高,不及燕雀。苟非群聚以御外患,则反为异类食矣[6]。是故圣人教之以礼[7],使人知父子、兄弟之亲,人知爱其父,则知爱其兄弟矣,爱其祖,则知爱其宗族矣。如枝叶之附于根干,手足之系于身首,不可离也。岂徒使其粲然条理以为荣观哉[8]!乃实欲更相依庇[9],以扞外患也[10]。

吐谷浑阿豺有子二十人[11],病且死,谓曰:"汝等各奉吾一只箭,将玩之[12]。"俄而命母弟慕利延曰[13]:"汝取一只箭折之。"慕利延折之。又曰:"汝取十九只箭折之。"慕利延不能折。阿豺曰:"汝曹知否[14]?单者易折,众者难摧。戮力一心,然后社稷可固[15]。"言终而死。彼戎狄也[16],犹知宗族相保以为强,况华夏乎[17]!圣人知一族不足以独立也,故又为之甥舅婚媾姻娅以辅之[18];犹惧其未也,故又爱养百姓以卫之。故爱亲者所以爱其身也,爱民者所以爱其亲也。如是则其身安若泰山[19],寿如箕翼[20],他人安得而侮之哉!故自古圣贤未有不先亲其九族[21],然后能施及他人者也。彼愚者则不然,弃其九族,远其兄弟,欲以专利其身。殊不知身既孤,人斯戕之矣[22],于利何有哉!昔周厉王弃其九族[23],诗人刺之曰:"怀德惟宁,宗子惟城。毋俾城坏,毋独斯畏。"[24]苟为独居[25],斯可畏矣[26]。

注释

〔1〕选自宋司马光撰《家范》卷一《治家》,题目据正文拟。司马光(1019—1086),字君实,号迂叟,陕州夏县(今属山西)涑水乡人,世称涑水先生。宋仁宗宝元元年(1038)进士,历仕仁宗、英宗、神宗、哲宗四朝,累进龙图阁直学士。卒赠太师、温国公,谥文正。主持编纂了中国历史上第一部编年体通史《资治通鉴》。著有《温国文正司马公文集》《稽古录》《涑水记闻》《潜虚》等。《宋史》卷三三六有传。

〔2〕爪牙:人的指甲和牙齿。于虎豹则谓其尖爪和利牙。

〔3〕膂(lǔ旅)力:体力。

〔4〕熊罴(pí疲):熊和罴,皆为猛兽。罴,熊的一种,俗称人熊或马熊。

〔5〕麋(mí迷)鹿:麋与鹿。两种动物以奔跑著名。麋,原产中国,是一种稀有的珍贵兽类,也叫四不像。

〔6〕异类:这里指禽兽之类的猛兽。

〔7〕圣人:这里当专指孔子。

〔8〕粲然:明白貌。条理:谓秩序的制订,用如动词。荣观:犹荣名,荣誉。

〔9〕依庇(bì必):谓栖息庇身。引申为相互依靠庇护。

〔10〕扞(hàn旱):抵御;抵抗。外患:外来的祸害,多指外国的侵略。

〔11〕吐谷(yù玉)浑:古鲜卑族的一支,姓慕容氏,本居辽东,西晋时在首领吐谷浑的率领下西徙至甘肃、青海间,至其孙叶延时,始号其国曰吐谷浑。至唐初,因与吐蕃相攻,不敌,被灭。阿豺:即吐谷浑威王(?—424),又称沙州刺史。南朝宋少帝刘义符景平(423—424)中,曾拜吐谷浑阿豺为安西将军浇河公,为公元4—6世纪建立之吐谷浑王国统治者之一,他为武王树洛干的弟弟,承袭武王之位,公元418—424年在位,卒谥威王。《宋书》卷九六、《魏书》卷一〇一有传。《资治通鉴》卷一二〇作

"阿柴"。

〔12〕玩：研讨。

〔13〕母弟：同母之弟，有别于庶弟。慕利延：即吐谷浑西平王（？—452），惠王慕璝之弟，承袭惠王位，被南朝刘宋政权册封为西平王。公元445年8月，慕利延被北魏军队打败，退至于阗，公元446年复位。公元437—452年在位。

〔14〕汝曹：你们。

〔15〕戮(lù 路)力一心，谓齐心协力。戮力即勠力，合力，并力。社稷(jì 季)：古代帝王、诸侯所祭的土神和谷神。社，土神；稷，谷神。古代常用为国家的代称。

〔16〕戎狄：古民族名，西方曰戎，北方曰狄。古代常指代西北少数民族。

〔17〕华夏：古代一般指中原地区，后词义衍生，泛指我国全部领土。

〔18〕甥舅：外甥和舅舅，亦指女婿和岳父，或泛指外戚。婚媾(gòu 构)姻娅(yà 讶)：谓有婚姻关系的亲戚。

〔19〕安若泰山：又作"安如泰山"，形容极其平安稳固。

〔20〕箕翼：谓箕星与翼星。箕翼为二十八宿名，言寿比于星。一说通"期颐"，谓一百岁。

〔21〕九族：以自己为本位，上推至四世之高祖，下推至四世之玄孙为九族。一说父族四、母族三、妻族二为九族。

〔22〕戕(qiān 腔)：残害，杀害。

〔23〕"昔周厉王"句：谓周厉王疏远贵族，亲近急功近利的小人，终于导致国人反叛。周厉王，即姬胡（前904—前829），周夷王姬燮之子，西周第十位君主，公元前879—公元前843年在位三十六年。在位期间，任用荣夷公以国家名义垄断山林川泽，与民争利，致使百姓起来反叛，周厉王被袭击后逃到彘地（今山西霍县东北），终死于此地，谥厉。

〔24〕"诗人"五句：语出《诗·大雅·板》。据《诗序》，此首为"凡伯刺厉王"的诗，凡伯是周公的后裔，周厉王的卿士。《板》的主旨即谏诤厉王，以挽救西周政权的危机。这几句的大意是：有德方能有安宁，群宗之

子是捍卫者。不要拆毁城墙,孤独无助最可怕。

〔25〕苟:假如;如果;只要。

〔26〕斯:指示代词,此。

点评

阿豺临终以折箭巧喻兄弟团结,其事先见于《魏书》卷一〇一,《资治通鉴》卷一二〇亦郑重书之。所谓"兄弟如手足",在血缘关系较为紧密的古代社会,家族的内部团结至关重要,司马光以"单者易折,众者难摧"的折箭之喻为治家的家训,即强调家族和睦的重要性,人心齐,方能泰山移!

训俭示康[1]

司马光

吾本寒家[2]，世以清白相承[3]。吾性不喜华靡[4]，自为乳儿，长者加以金银华美之服[5]，辄羞赧弃去之[6]。二十忝科名[7]，闻喜宴独不戴花[8]。同年曰[9]："君赐不可违也。"乃簪一花[10]。平生衣取蔽寒[11]，食取充腹；亦不敢服垢弊以矫俗干名[12]，但顺吾性而已。众人皆以奢靡为荣，吾心独以俭素为美[13]。人皆嗤吾固陋[14]，吾不以为病[15]。应之曰："孔子称'与其不逊也，宁固'[16]。又曰'以约失之者鲜矣'[17]。又曰'士志于道，而耻恶衣恶食者，未足与议也'[18]。古人以俭为美德，今人乃以俭相诟病[19]。嘻，异哉[20]！"

近岁风俗尤为侈靡[21]，走卒类士服[22]，农夫蹑丝履[23]。吾记天圣中[20]，先公为群牧判官[25]，客至未尝不置酒，或三行、五行[26]，多不过七行。酒酤于市[27]，果止于梨、栗、枣、柿之类；肴止于脯、醢、菜羹[28]，器用瓷、漆[29]。当时士大夫家皆然[30]，人不相非也[31]。会数而礼勤[32]，物薄而情厚。近日士大夫家，酒非内法[33]，果肴非远方珍异[34]，食非多品，器皿非满案，不敢会宾友，常数月营聚，然后敢发书[35]。苟或不然[36]，人争非之，以为鄙吝[37]。故不随俗靡者，盖鲜矣。嗟乎！风俗颓弊如是[38]，居位者虽不能禁[39]，忍助之乎！

又闻昔李文靖公为相[40],治居第于封丘门内[41],厅事前仅容旋马[42],或言其太隘[43]。公笑曰:"居第当传子孙,此为宰相厅事诚隘,为太祝、奉礼厅事已宽矣[44]。"参政鲁公为谏官[45],真宗遣使急召之[46],得于酒家,既入,问其所来,以实对。上曰:"卿为清望官[47],奈何饮于酒肆?"对曰:"臣家贫,客至无器皿、肴、果,故就酒家觞之[48]。"上以无隐,益重之。张文节为相[49],自奉养如为河阳掌书记时[50],所亲或规之曰[51]:"公今受俸不少,而自奉若此。公虽自信清约[52],外人颇有公孙布被之讥[53]。公宜少从众[54]。"公叹曰:"吾今日之俸,虽举家锦衣玉食[55],何患不能?顾人之常情[56],由俭入奢易,由奢入俭难。吾今日之俸岂能常有?身岂能常存?一旦异于今日,家人习奢已久,不能顿俭[57],必致失所[58]。岂若吾居位、去位、身存、身亡,常如一日乎?"呜呼!大贤之深谋远虑[59],岂庸人所及哉!

御孙曰:"俭,德之共也;侈,恶之大也。"[60]共,同也[61];言有德者皆由俭来也。夫俭则寡欲,君子寡欲,则不役于物[62],可以直道而行[63];小人寡欲,则能谨身节用[64],远罪丰家[65]。故曰:"俭,德之共也。"侈则多欲。君子多欲则贪慕富贵,枉道速祸[66];小人多欲则多求妄用,败家丧身。是以居官必贿,居乡必盗[67]。故曰:"侈,恶之大也。"

昔正考父饘粥以糊口,孟僖子知其后必有达人[68]。季文子相三君,妾不衣帛,马不食粟,君子以为忠[69]。管仲镂簋朱纮,山节藻棁,孔子鄙其小器[70]。公叔文子享卫灵公,史䲡知其及祸;及戌,果以富得罪出亡[71]。何曾日食万钱,至孙以骄溢倾家[72]。石崇以奢靡夸人,卒以此死东市[73]。近世寇莱公豪侈冠一时[74],然以功业大,人莫之非[75],子孙习其家风[76],今多穷困。其馀以俭立名,以侈自败者多矣,不可遍数,聊举数人以训汝。汝非徒身当服行[77],当以训汝子孙,使知前辈之风俗云[78]。

注释

〔1〕选自宋司马光《传家集》卷六七。这篇文章是宋代史学家、文学家司马光为训导其子司马康而精心结撰的,堪称析薪破理,辞约旨达。司马康(1050—1090),字公休,司马光长兄司马旦之子,司马光有两子先后夭折,司马康过继给司马光为子。宋神宗熙宁三年(1070)进士,历官秘书省正字,提举西山崇福宫。曾助司马光修《资治通鉴》。《宋史》卷三三六有传,谓司马康"为人廉洁,口不言财",可见家教作用非同小可,有其父必有其子!

〔2〕吾本寒家:司马光父亲司马池曾任三司副使,历知同州、杭州、虢州、晋州,但居官廉洁,并无积蓄,故曰"寒家"。寒家,寒微的家庭。

〔3〕世以清白相承:谓以廉洁传家。

〔4〕华靡:奢侈豪华,讲排场。

〔5〕长者:长辈。

〔6〕羞赧(nǎn 南上声):因羞愧而脸红。

〔7〕二十忝(tiǎn 舔)科名:宋仁宗宝元元年(1038),司马光考中进士甲科,时年二十岁。忝,谦词,辱,有愧于。科名,科举功名。

〔8〕闻喜宴:宋代承袭唐代制度,放榜后由朝廷置宴,皇帝及大臣赐诗以示宠异,名为"闻喜宴"。戴花,新进士将花插于帽檐,以示荣光。

〔9〕同年:古代科举考试同科中式者之互称。

〔10〕簪(zān 糌):插;戴。

〔11〕蔽寒:御寒。

〔12〕垢弊:谓穿戴又脏又破。矫俗:谓故意违俗立异。干名:求取名位。

〔13〕俭素:俭省朴素。

〔14〕蚩(chī 吃):讥笑;嘲笑。固陋:闭塞、浅陋。

〔15〕病:指耻辱。

〔16〕与其不逊也宁固:语出《论语·述而》:"子曰:'奢则不孙,俭则固。与其不孙也,宁固。'"孙,通"逊"。大意是:奢侈豪华的人显得骄傲,

俭约朴素的人显得寒伧,与其骄傲,宁可寒伧。

〔17〕以约失之者鲜(xiǎn险)矣:语出《论语·里仁》,大意是:因自己有所节制而犯错的人,不会很多。

〔18〕"士志于道"三句:语出《论语·里仁》,大意是:读书人有志于追求真理,却又以自己衣食简陋为耻辱,这种人不值得同他商议。

〔19〕诟(gòu构)病:指责。

〔20〕异:奇怪。

〔21〕近岁:谓宋神宗元丰年间(1078—1085)。

〔22〕走卒类士服:谓供使唤奔走的隶卒、差役皆穿如同读书人的衣服。在古代,衣服着装有严格的等级区分。类,像,似。

〔23〕蹑(niè聂):穿用。丝履:以丝织品制成的鞋,古代属于华贵的服饰。

〔24〕天圣:宋仁宗赵祯的年号(1023—1032)。

〔25〕先公:作者称自己已故的父亲司马池。群牧判官:宋代管理国家马政机构群牧司的属官。

〔26〕三行(xíng形)五行:谓斟酒三次、五次。

〔27〕酤(gū估):买酒。

〔28〕肴(yáo姚):泛指鱼肉之类的荤菜。脯(fǔ府):干肉。醢(hǎi海):肉酱。羹,用肉类或菜蔬等制成的带浓汁的食物。

〔29〕瓷漆:谓瓷做的盛器与涂漆的盛器。

〔30〕士大(dà达去声)夫:指当时通过科举等晋升仕途的较有社会地位的人。

〔31〕相非:谓相互诋毁或讥讽。

〔32〕会数(shuò硕)而礼勤:意谓聚会频繁而礼意殷勤。这指当时不必刻意准备薄备食、器即可邀约的俭约之风。

〔33〕内法:即内法酒,按宫廷规定的方法酿造的酒。

〔34〕珍异:谓珍贵奇特的食物。

〔35〕"常数月营聚"二句:意谓往往先期几个月准备食物,然后才敢发送请帖。营聚,置办储备。发书,谓发送请帖。

〔36〕苟或不然：如果有的人不如此办理。

〔37〕鄙吝：过分爱惜钱财。

〔38〕颓弊：败坏。

〔39〕居位者：谓居官任职的人。

〔40〕李文靖公：即李沆（hàng 航去声）（947—1004），字太初，宋洺州肥乡（今属河北）人。宋太宗太平兴国五年（980）进士，曾任参知政事、同平章事。其为相常戒帝王奢侈心，有"圣相"之誉。卒谥文靖。《宋史》卷二八二有传。

〔41〕治居第：建造住宅。封丘门：北宋都城东京汴梁（今河南开封）北边四城门之一。

〔42〕厅事：私人住宅的堂屋。仅容旋马：仅能让一马转身，形容堂屋前院落狭小。

〔43〕隘（ài 艾）：狭窄。

〔44〕太祝奉礼：即太祝与奉礼郎，宋掌管礼仪事务的太常寺属官，多由文臣高官子弟充任。《宋史》卷一五九《职官五》："凡文臣：三公、宰相子，为诸寺丞；期亲、校书郎；馀亲（本宗大功至缌麻服者），以属远近补试衔。使相、参知政事、枢密院使、副使、宣徽使子，为太祝、奉礼郎；期亲、校书、正字；馀亲，补试衔。"同平章事（宰相）子可荫任"诸寺丞"，这里仅以参知政事（副宰相）等官之子的可能荫职为喻，当属于李沆谦逊的说法。

〔45〕参政鲁公：即鲁宗道（966—1029），字贯之，亳州（今属安徽）人。举进士后，为濠州定远尉、海盐令，历任右正言、右谕德、左谕德，侍讲，判吏部流内铨，参知政事。卒谥肃简。《宋史》卷二八六有传，谓其"为人刚正，疾恶少容，遇事敢言，不为小谨"。参政，宋代参知政事的省称，为副相。谏官：鲁宗道于宋真宗天禧元年（1017）任右正言，掌谏议，据《宋史》本传，鲁宗道酒肆请客在其任右正言之后的谕德（太子宫官，掌侍从赞谕）时，谓"为谏官"时，系作者误记。

〔46〕真宗：宋真宗赵恒（968—1022），宋太宗第三子，于宋太宗至道三年（997）即位，在位二十六年。

〔47〕清望官：指地位贵显、有名望的官职。宋代谏议、东宫官往往由

139

有清望之人担任。

〔48〕觞:谓饮酒。

〔49〕张文节:即张知白(？—1028),字用晦,宋沧州清池(治今河北沧州东南)人。举进士,曾任河阳节度判官、后任参知政事。宋仁宗即位,召为枢密副使,天圣三年(1025)拜相,卒于位,谥文节。《宋史》卷三一〇有传,谓其:"在相位,慎名器,无毫发私。常以盛满为戒,虽显贵,其清约如寒士。"

〔50〕自奉养:谓自身日常生活的供养。河阳掌书记:指河阳节度判官。河阳,治所在今河南省焦作市。

〔51〕所亲:亲近的朋友。规:规劝。

〔52〕自信清约:自己奉守笃信清廉节俭的准则。

〔53〕外人颇有公孙布被之讥:意谓没有亲友关系的很多人讥评你如同汉代公孙弘富贵后仍盖布被那样矫情作伪。外人,指不熟悉的人。公孙布被,《汉书》卷五八《公孙弘传》:"汲黯曰:'弘位在三公,奉禄甚多,然为布被,此诈也。'"公孙弘(前200—前121),名弘,字季,一字次卿,齐地菑川(今山东寿光)人。少时为吏,牧豕海上,四十而学。汉武帝时期,征为博士。十年中从待诏金马门擢升为三公之首,封平津侯。卒于相位,谥献侯。

〔54〕少(shāo)徇从众:谓行事略微附和一下人之常态。

〔55〕锦衣玉食:形容生活优裕。

〔56〕顾:但是。

〔57〕顿:顿时,立刻。

〔58〕失所:谓无存身之地。

〔59〕大贤:才德超群的人。这里指上述李沆、鲁宗道、张知白三人。

〔60〕"御孙曰"三句:语出《左传·庄公二十四年》,当时鲁庄公为鲁桓公庙的方形椽子雕刻花纹,这不符合礼数。鲁大夫御孙以此句进谏,以为:"俭朴是有道德的人所共同具备的品质,奢侈是恶行中尤为严重的。"御孙,鲁大夫,即匠师庆。

〔61〕同也:司马光以"同"释"共",意为皆、共同。

〔62〕不役于物:谓不为外物所驱使。

〔63〕直道而行:谓依照确当的道理、准则行事。

〔64〕谨身节用:修身饬行,节省其用。

〔65〕远(yuàn苑)罪丰家:谓远离罪恶,使家庭丰裕。

〔66〕枉道速祸:违背正道,招致祸患。速,招致。

〔67〕"是以居官必贿"二句:分别讲述上文"君子多欲"与"小人多欲"的不同人生,意谓当官者必然贪赃受贿,处乡间者必然以盗窃为生。

〔68〕"昔正考父饘(zhān詹)粥以糊口"二句:意谓春秋时鲁国上卿正考父仅用稀饭维持生活,孟僖子因此推知其后代必有显达之人。事见《左传·昭公七年》。正考父,鲁国上卿,曾先后辅佐戴公、武公、宣公三个国君,为人恭谨平和,异常简朴,是孔子的七世祖。饘粥,稠粥与稀粥,这里即指稀饭。《左传》记述正考父鼎铭云:"一命而偻,再命而伛,三命而俯。循墙而走,亦莫余敢侮。饘于是,粥于是,以糊余口。"孟僖子,姬姓,孟氏,名貜,卒谥僖。春秋后期鲁国司空,为三桓之一。临终之际,曾嘱咐其二子(孟懿子与南宫敬叔)师礼孔子。

〔69〕"季文子相三君"四句:意谓鲁国大夫季孙行父历侍鲁国文公、宣公、成公三君,死后入殓,发现其家中没有穿丝绸的妾,没有吃粮食的马,君子因此知道季孙行父是一位忠于鲁公室的人。事见《左传·襄公五年》。季文子,鲁国正卿大夫季孙行父,在鲁国执政三十三年,克勤克俭,稳定鲁国政局。卒谥文,故称季文子。

〔70〕"管仲镂(lòu陋)簋(guǐ诡)朱纮(hóng弘)"三句:意谓齐国的国相管仲生活奢侈,居室豪华,逾越礼制因而孔子瞧不起他,认为他器量狭小。镂簋,刻有花纹的盛器。簋,古代祭祀宴享时盛黍稷的器皿。一般为圆腹,侈口,圈足。朱纮,古代天子冠冕上的红色系带。山节,谓形状像山一样的斗拱。节,即斗拱,屋柱上端顶住横梁的组合木构件。藻棁(zhuō捉),上面绘有水藻图样的梁上短柱。棁,梁上短柱。管仲事,见《礼记·礼器》。小器,器量小,谓才具不大,无大作为。孔子语,见《论语·八佾》:"子曰:'管仲之器小哉!'"

〔71〕"公叔文子享卫灵公"四句:意谓卫国的大夫公叔文子飨食卫

灵公，因富有而受到贪婪的卫灵公的忌恨，大夫史鳅（qiū秋）预料公叔文子招致祸患，到他儿子公叔戍果然因富获罪，而被迫逃亡至鲁国。事见《左传·定公十三年》与《定公十四年》。公叔文子，即春秋时卫国大夫公叔发，名拔，卒谥文，故称文子。享，通"飨"，用酒食款待人。卫灵公（前540—前493），姬姓，名元，是春秋时期卫国第二十八代国君，在位四十二年。史鳅，字子鱼，卫国大夫，据说他临终以"尸谏"卫灵公，卫政治因而得到改善。戍，即公叔戍，公叔文子的儿子。

〔72〕"何曾日食万钱"二句：意谓晋武帝时的太傅何曾生活奢豪，至其子孙辈皆傲慢骄奢，何氏终于灭亡无遗。何曾（199—278），原名瑞谏，又名谏，字颖考，陈郡阳夏（今河南太康）人。为西晋开国元勋，官至太傅，卒谥元。《晋书》卷三三有传，有云："每燕见，不食太官所设，帝辄命取其食。蒸饼上不坼作十字不食。食日万钱，犹曰无下箸处。"又云："永嘉之末，何氏灭亡无遗焉。"永嘉为晋怀帝司马炽年号（307—313），距何曾去世不足三十年。

〔73〕"石崇以奢靡夸人"二句：意谓晋朝石崇生活奢靡并以此自夸，最终被杀。石崇（249—300），字季伦，小名齐奴，渤海南皮（今河北南皮东北）人，西晋开国元勋石苞第六子。历官荆州刺史、鹰扬将军，封安阳乡侯，在任上以劫掠往来富商致富。永康元年（300）赵王司马伦专权，司马伦党羽孙秀向石崇索要其宠妾绿珠不果，因而诬陷其为乱党，遭夷三族。《晋书》卷三三有传，谓其："财产丰积，室宇宏丽。后房百数，皆曳纨绣，珥金翠。丝竹尽当时之选，庖膳穷水陆之珍。与贵戚王恺、羊琇之徒以奢靡相尚。"又谓其被杀前："及车载诣东市，崇乃叹曰：'奴辈利吾家财。'收者答曰：'知财致害，何不早散之？'崇不能答。崇母兄妻子无少长皆被害，死者十五人，崇时年五十二。"

〔74〕近世寇莱公豪侈冠一时：谓寇准生活豪华奢侈，在当世第一。寇莱公，即寇准（961—1023），字平仲，宋华州下邽（今陕西渭南北）人。太平兴国间进士，因直言敢谏，宋太宗比为魏徵。两次入相，曾力劝宋真宗亲征抗辽，订和议而还。后罢相，封莱国公，继遭诬陷贬道州司马，再贬雷州司户参军，卒于贬所。仁宗朝追谥忠愍。著有《寇莱公集》。《宋史》卷

二八一有传,内云:"准少年富贵,性豪侈,喜剧饮,每宴宾客,多阖扉脱骖。家未尝爇油灯,虽庖匽所在,必然炬烛。"

〔75〕人莫之非:宾语前置,意谓没有人非议他。

〔76〕习:习惯。

〔77〕非徒:不仅。身:谓自身。服行:施行,实行。

〔78〕风俗:风气习俗。

点评

　　司马光此文始终围绕"俭约"立论使事,言简意深,感情真切,不事雕饰而语重心长,于质朴无华的风格中显示出作者驾驭文字的上乘功夫。节俭是一个随时代物质生产力提高而内涵不断更新的道德范畴,但反对奢侈浪费则是任何时代都必须遵循的道德规范。司马光此文倡导俭约,完全基于儒家道德观,并非口惠而实不至的夸夸其谈。在历史上,司马光也是以俭约名闻朝野的。宋苏轼《司马温公行状》谓司马光"不事生产,买第洛中,仅庇风雨。有田三顷,丧其夫人,质田以葬。恶衣菲食,以终其身。"联系此文观点,可见作者对后辈身教与言教并重的家风。

古今家诫叙[1]

苏　辙

老子曰[2]："慈，故能勇，俭，故能广。"[3]或曰："慈则安能勇？"曰："父母之于子也，爱之深，故其为之虑事也精。以深爱而行精虑，故其为之避害也速而就利也果[4]，此慈之所以能勇也。非父母之贤于人，势有所必至矣。"

辙少而读书，见父母之戒其子者，谆谆乎惟恐其不尽也[5]，恻恻乎惟恐其不入也[6]。曰："呜呼！此父母之心也哉！"师之于弟子也，为之规矩以授之[7]，贤者引之[8]，不贤者不强也。君之于臣也，为之号令以戒之[9]，能者予之[10]，不能者不取也。臣之于君也，可则谏[11]，不则去。子之于父也，以几谏不敢显[12]，皆有礼存焉。父母则不然，子虽不肖[13]，岂有弃子者哉！是以尽其有以告之，无憾而后止。《诗》曰："泂酌彼行潦，挹彼注兹，可以馈饎。岂弟君子，民之父母。"[14]夫虽行潦之陋，而无所弃，犹父母之无弃子也。故父母之于子，人伦之极也[15]。虽其不贤，及其为子言也，必忠且尽，而况其贤者乎！

太常少卿长沙孙公景修少孤[16]，而教于母[17]。母贤，能就其业[18]。既老而念母之心不忘，为《贤母录》以致其意。既又集《古今家诫》，得四十九人以示辙，曰："古有为是书者而其文不完，吾病焉[19]，是以为此合众父母之心，以遗天下之人[20]，庶几有益乎[21]？"

辙读之而叹曰："虽有悍子[22]，忿斗于市[23]，莫之能止也，闻父之声则敛手而退[24]。市人之过之者[25]，亦莫不泣也。慈孝之心，人皆有之，特患无以发之耳[26]。今是书也，要将以发之欤？虽广之天下可也。自周公以来至于今[27]，父戒四十五，母戒四。公又将益广之[28]，未止也。

元丰二年四月三日[29]，眉阳苏辙叙[30]。

注释

〔1〕选自宋苏辙《栾城集》卷二五。苏辙（1039—1112），字子由，一字同叔，自号颍滨遗老，宋眉州眉山（今四川眉州）人。嘉祐二年（1057）进士，曾任河南推官，后因言事忤哲宗，出知汝州，贬筠州、再谪雷州安置，移循州。徽宗立，徙永州、岳州，又降居许州，致仕后定居颍川。卒谥文定。著有《栾城集》《春秋集解》等。《宋史》卷三三九有传。《古今家诫》为北宋孙顾所编纂，专收父母对子弟的训诫文字，为家训总集，已佚，惟苏辙所撰叙文存。叙：即序、序言，古代文体之一种。

〔2〕老子：姓李名耳，字聃，故又称老聃，楚国苦县历乡曲仁里（今河南省鹿邑县太清宫镇）人，约生活于公元前571年至公元前471年之间，相传为我国春秋时期思想家，道家的创始人。著《道德经》五千言，亦名《老子》，凡八十一章，为道家的经典著作。

〔3〕"慈故能勇"二句：语出《老子》第六十七章，大意是：心肠慈善，所以就有勇气；平素俭省，所以能够富有。这体现了道家的辩证法思想。

〔4〕就利：趋利。果：成就；实现。表示事与预期相合。

〔5〕谆谆（zhūn）：反复告诫、再三叮咛貌。

〔6〕恻恻：恳切。

〔7〕规矩：礼法；法度。

〔8〕引：引导。

〔9〕号令：下达的命令。戒：告诫。

〔10〕予:赞许,称誉。

〔11〕谏(jiàn建):谏净,规劝。

〔12〕几谏:微谏,婉言劝谏。语出《论语·里仁》:"事父母,几谏。"显:谓显露、公开父之过错。

〔13〕不肖(xiào孝):谓子不似父。

〔14〕"泂酌彼行潦"五句:语出《诗·大雅·泂酌》,大意是:从远处舀来那沟中的水,那里的水用到这里,可以蒸饭可以做酒菜。和乐平易的君子,人民把你当父母。《诗序》:"《泂酌》,召康公戒成王也。言皇天亲有德,飨有道也。"可见此诗虽对统治者歌功颂德,却深寓劝诫的意思。泂(jiǒng窘)酌,谓从远处酌取。行潦(lǎo老),沟中的流水。挹(yì义),酌,以瓢舀取。饙(fēn纷),蒸熟的饭。饎(chì赤),酒食。岂弟(kǎi tì凯替),同"恺悌",和乐平易。

〔15〕人伦:古人特指尊卑长幼之间的等级关系。

〔16〕太常少卿:宋代太常寺副长官,元丰改制后,职掌有关礼乐、郊庙、社稷、陵寝等事。孙公景修:即孙颀(生卒年不详),字景修,号拙翁,长沙(今属湖南)人。咸平进士,历官太常少卿,曾以直龙图阁知广州。孤:幼年丧父。《孟子·梁惠王下》:"幼而无父曰孤。"

〔17〕教于母:谓受教于母亲。

〔18〕就其业:谓成就其学业、功名。

〔19〕病:不满意。

〔20〕遗(wèi位):馈赠。

〔21〕庶几(jī基):或许,也许。

〔22〕悍子:凶狠蛮横之子。

〔23〕忿斗:忿怒争执。市:古代指城市中划定的贸易之所或商业区。

〔24〕敛手:缩手,表示不敢妄为。

〔25〕过:怪罪,责难。

〔26〕发:启发,开导。

〔27〕周公:即姬旦(?—前1095?),中国西周政治家。周武王之弟,成王之叔,故又称叔旦。因其采邑在周地(今陕西岐山北),故后世称周

公。曾协助武王伐纣灭商,武王死后,又辅佐年幼成王。平定内部叛乱,制订以礼为主要内容的典章制度,其政治理念成为后世儒家的重要思想渊源。

〔28〕益广:增加扩充。

〔29〕元丰二年:即公元1079年。元丰,宋神宗赵顼的年号。

〔30〕眉阳:眉山之南。阳,山南水北为阳。

点评

　　无论古今,一般而言,父母对于子女的关爱最为无私,望子成龙或望女成凤,是世人的一种普遍心理。这篇序文言简意赅地道出家诫、家训产生的基础,其认识价值在今天仍可以发扬光大。

家　训[1]

朱　熹

父之所贵者,慈也[2];子之所贵者,孝也[3];君之所贵者,仁也[4];臣之所贵者,忠也[5];兄之所贵者,爱也[6];弟之所贵者,敬也[7];夫之所贵者,和也[8];妇之所贵者,柔也[9]。事师长,贵乎礼也[10];交朋友,贵乎信也[11]。见老者,敬之;见幼者,爱之。有德者,年虽下于我,我必尊之;不肖者[12],年虽高于我,我必远之。慎勿谈人之短,切莫矜己之长[13]。仇者以义解之[14],怨者以直报之[15]。人有小过,含容而忍之[16];人有大过,以理而责之。勿以善小而不为,勿以恶小而为之。人有恶,则掩之[17];人有善,则扬之。处公无私仇[18],治家无私法[19]。勿损人而利己,勿妒贤而嫉能[20]。勿逞忿而报横逆[21],勿非礼而害物命[22]。见不义之财勿取[23],遇合义之事则从[24]。诗书不可不学[25],礼义不可不知[26]。子孙不可不教,婢仆不可不恤[27]。守我之分者[28],礼也;听我之命者[29],天也[30]。人能如是,天必相之[31]。此乃日用常行之道,若衣服之于身体,饮食之于口腹,不可一日无也,可不谨哉。

注释

〔1〕选自明朱培辑《文公大全集补遗》卷八引《朱氏家谱》。朱熹

(1130—1200),字元晦,又字仲晦,号晦庵,晚称晦翁,别称紫阳,卒谥文,世称朱文公。祖籍徽州府婺源(今属江西),出生于南剑州尤溪(今属福建)。绍兴十八年(1148)进士,宋代著名理学家。曾为宋宁宗讲学。著有《四书章句集注》《太极图说解》《通书解说》《周易读本》《楚辞集注》,后人辑有《朱子大全》,《宋史》卷四二九有传。

〔2〕慈:上爱下;父母爱子女。

〔3〕孝:孝顺,善事父母。

〔4〕仁:仁慈;厚道。

〔5〕忠:特指事上忠诚。

〔6〕爱:指具有深厚真挚的感情。

〔7〕敬:尊敬,尊重。此段本于《左传·隐公三年》:"君义、臣行、父慈、子孝、兄爱、弟敬,所谓六顺也。"

〔8〕和:和谐,协调。

〔9〕柔:温和;温顺。

〔10〕礼:社会生活中由于风俗习惯而形成的行为准则、道德规范和各种礼节。

〔11〕信:诚实不欺。

〔12〕不肖(xiào孝):不成材;不正派。

〔13〕矜己:夸耀自己。

〔14〕义:谓正义或道德规范。

〔15〕直:有理;正义。

〔16〕含容:容忍;宽恕。

〔17〕掩:遮没;遮蔽。

〔18〕处公:谓办理公事。私仇:因个人利害关系而产生的仇恨。

〔19〕私法:私家所定的法规。

〔20〕妒贤而嫉能:妒忌才德胜于己的人。

〔21〕逞忿:犹逞怒。横(hèng横去声)逆:横暴无理的行为。

〔22〕非礼:做不合礼仪制度的事。物命:指他人的生命。

〔23〕不义之财:不应得的或来路不正的钱财。

〔24〕合义:合于正义。

〔25〕诗书:泛指书籍。

〔26〕礼义:礼法道义。

〔27〕恤(xù序):体恤,怜悯。

〔28〕守我之分(fèn奋):安守自己的本分。

〔29〕听我之命:顺从自己的命运。

〔30〕天:谓天意。

〔31〕相(xiàng像):帮助,保佑。

点评

　　朱熹是南宋著名的理学家、思想家、哲学家、教育家、诗人,为闽学派的代表人物,儒学集大成者,世尊称为朱子。他是"二程"(程颢、程颐)的三传弟子李侗的学生,与二程合称"程朱学派"。朱熹的理学思想对元、明、清三朝影响很大,成为三朝的官方哲学,是中国教育史上继孔子后的又一人。这篇家训即以儒家传统思想为基础,体现了儒家日用常行的君子人格价值观,对于今天仍不无启迪意义。

家　训[1]

张养浩

维人之生[2],或孩而殇[3],或冠而殀[4],或壮而疾废[5]。幸而不殇、不殀、不疾废,则生于陋邦遐邑[6],而不于中原[7];幸而生中原,则又屠沽贫贱[8],而不于富贵好礼之家[9]。呜呼!其孩焉而不殇,冠焉而不殀,壮焉而无疾废,而又生于中原好礼之家者,天既全之如此[10],而人之所以求称其全者,顾可苟简而不力哉[11]!夫学不求至于圣贤[12],皆负德造物者也[13]。道万里而不以为远,陟千仞而不以为高[14],洞金石而不以为难[15],蹈水火而不以为殆者[16],志焉而已矣。志苟一立,天下无不能为之事,而况读书乎?志苟不立,目击所有而不能致,而况为圣贤乎?呜呼!士而无志,可与有为耶[17]?自开辟以来[18],不知为年几千,而汝始生焉。自祖宗以来,不知传世几百,而汝始承焉。呜呼!以开辟以来始有之身,祖宗以来承传之绪[19],而于汝托焉[20],则汝所以兢兢业业[21],殖学提身[22],克肩厥任者[23],当何如哉?汝其斋心凝虑以思[24],古之学者皆有所志,志者,心所向也。志高而或下者有矣,志下而能高者未之有也。故古人谓取法于上,犹得于中;取法乎中,不免为下也[25]。信矣。

注释

〔1〕选自元张养浩《归田类稿》卷八。张养浩(1270—1329),字希孟,元济南(今属山东)人。以受荐为御史台掾,历官监察御史、礼部尚书、陕西行台中丞。卒于任,谥文忠。著有《归田类稿》《三事忠告》等。《元史》卷一七五有传,内有云:"天历二年,关中大旱,饥民相食,特拜陕西行台中丞……闻民间有杀子以奉母者,为之大恸,出私钱以济之。到官四月,未尝家居,止宿公署,夜则祷于天,昼则出赈饥民,终日无少息。每一念至,即抚膺痛哭,遂得疾不起,卒年六十。关中之人,哀之如失父母。"

〔2〕维:用于句首的助词。

〔3〕孩:指幼儿。殇:未至成年而夭折。

〔4〕冠(guàn 贯):古代男子到成年则举行加冠礼,叫做冠。古代冠礼一般在二十岁。殀(yāo 夭):短命而死。

〔5〕壮:男子三十为"壮",即壮年,也泛指成年。《礼记·曲礼上》:"人生十年曰幼学;二十曰弱冠;三十曰壮,有室。"疾废:谓因病而致残。

〔6〕陋邦:指边远闭塞之地。遐邑:偏远的城邑。

〔7〕中原:地理上,泛指整个黄河流域。

〔8〕屠沽:宰牲和卖酒,这里亦泛指职业微贱的人。

〔9〕好礼之家:讲求礼法的家族。

〔10〕全:成全。

〔11〕顾:难道,岂。苟简:草率而简略。不力:不尽力,不用力。

〔12〕圣贤:泛称道德才智杰出者。

〔13〕负德造物:辜负造物者的恩德。

〔14〕陟:由低处向高处走,与"降"相对。千仞(rèn 韧):古以八尺为一仞。千仞形容极高。

〔15〕洞:穿透。金石:金和美玉之属,古人认为因其较为坚固而难以加工。

〔16〕水火:谓水深火热,比喻艰险的境地。殆:危险。

〔17〕有为:有作为。

〔18〕开辟:指宇宙的开始。中国古代神话,谓盘古氏开天辟地。

〔19〕绪:统系,世系。

〔20〕托:依靠;寄托。

〔21〕兢兢业业:谨慎戒惧貌。

〔22〕殖学:积聚学问。㨾(zhī支)身:安身;修身。

〔23〕克肩厥任:谓能够担负起"承传之绪"大任。

〔24〕斋心:祛除杂念,使心神凝寂。凝虑:聚精会神地思考;沉思。

〔25〕"故古人"四句:语出唐太宗李世民《帝范后序》:"取法乎上,仅得乎中,取法乎中,只为其下,自非上德,不可效焉。"

点评

这篇家训从宏观角度立论,将个人放在与众人遭际比较的范围加以考察,又从深远的历史传承视角凸显个人价值观确立的重要性,从而将人生须立志的必要性和盘托出,大气磅礴,要言不烦,对于今天的莘莘学子仍有非同寻常的教育意义。

示弟立志说乙亥[1]

王 守 仁

予弟守文来学[2],告之以立志。守文因请次第其语[3],使得时时观省[4];且请浅近其辞,则易于通晓也。因书以与之。

夫学,莫先于立志。志之不立,犹不种其根而徒事培拥灌溉,劳苦无成矣。世之所以因循苟且[5],随俗习非[6],而卒归于污下者,凡以志之弗立也。故程子曰[7]:"有求为圣人之志,然后可与共学。"[8]人苟诚有求为圣人之志,则必思圣人之所以为圣人者安在?非以其心之纯乎天理而无人欲之私欤[9]?圣人之所以为圣人,惟以其心之纯乎天理而无人欲,则我之欲为圣人,亦惟在于此心之纯乎天理而无人欲耳。欲此心之纯乎天理而无人欲,则必去人欲而存天理。务去人欲而存天理,则必求所以去人欲而存天理之方。求所以去人欲而存天理之方,则必正诸先觉[10],考诸古训[11],而凡所谓学问之功者,然后可得而讲。而亦有所不容已矣。

夫所谓正诸先觉者,既以其人为先觉而师之矣,则当专心致志,惟先觉之为听。言有不合,不得弃置,必从而思之;思之不得,又从而辩之;务求了释[12],不敢辄生疑惑[13]。故《记》曰[14]:"师严,然后道尊;道尊,然后民知敬学。"[15]苟无尊崇笃信之心[16],则必有轻忽慢易之意[17]。言之而听之不审[18],犹不听也;听之而思之不慎[19],犹不思也;是则虽曰师之,独不师也。

夫所谓考诸古训者,圣贤垂训[20],莫非教人去人欲而存天理之方,若《五经》《四书》是已[21]。吾惟欲去吾之人欲,存吾之天理,而不得其方,是以求之于此,则其展卷之际,真如饥者之于食,求饱而已;病者之于药,求愈而已;暗者之于灯,求照而已;跛者之于杖[22],求行而已。曾有徒事记诵讲说[23],以资口耳之弊哉!

夫立志亦不易矣。孔子,圣人也,犹曰:"吾十有五而志于学。三十而立。"[24]立者,志立也。虽至于"不逾矩"[25],亦志之不逾矩也。志岂可易而视哉[26]!夫志,气之帅也[27],人之命也,木之根也,水之源也。源不浚则流息[28],根不植则木枯,命不续则人死,志不立则气昏。是以君子之学,无时无处而不以立志为事。正目而视之,无他见也;倾耳而听之,无他闻也。如猫捕鼠,如鸡覆卵[29],精神心思凝聚融结[30],而不复知有其他,然后此志常立,神气精明[31],义理昭著[32]。一有私欲,即便知觉[33],自然容住不得矣。故凡一毫私欲之萌,只责此志不立,即私欲便退;听一毫客气之动[34],只责此志不立,即客气便消除。或怠心生[35],责此志,即不怠;忽心生[36],责此志,即不忽;懆心生[37],责此志,即不懆;妒心生,责此志,即不妒;忿心生,责此志,即不忿;贪心生,责此志,即不贪;傲心生,责此志,即不傲;吝心生,责此志,即不吝。盖无一息而非立志、责志之时,无一事而非立志、责志之地。故责志之功,其于去人欲,有如烈火之燎毛[38],太阳一出,而魍魉潜消也[39]。

自古圣贤因时立教[40],虽若不同,其用功大指无或少异[41]。《书》谓"惟精惟一"[42],《易》谓"敬以直内,义以方外"[43],孔子谓"格致诚正""博文约礼"[44],曾子谓"忠恕"[45],子思谓"尊德性而道问学"[46],孟子谓"集义养气""求其放心"[47],虽若人自为说,有不可强同者,而求其要领归宿[48],合若符契[49]。何者?

夫道一而已[50]。道同则心同，心同则学同。其卒不同者[51]，皆邪说也[52]。

后世大患，尤在无志，故今以立志为说。中间字字句句，莫非立志。盖终身问学之功，只是立得志而已。若以是说而合精一[53]，则字字句句皆精一之功；以是说而合敬义[54]，则字字句句皆敬义之功。其诸"格致"、"博约"、"忠恕"等说，无不吻合。但能实心体之[55]，然后信予言之非妄也。

注释

〔1〕选自明王守仁《王阳明全集·悟真录一》（文录四）。王守仁（1472—1529），字伯安，馀姚（今属浙江）人。明弘治十二年（1499）进士，历官刑部主事，改兵部，官至南京兵部尚书。以曾在阳明书院讲学，世称阳明先生，卒谥文成。作为明代著名哲学家，王阳明心学影响甚大，对于明中后期的文学发展也有引领作用。著有《王文成全集》三十八卷。《明史》卷一九五有传。乙亥，即明正德十年（1515），王守仁时年四十四岁，任南京鸿胪寺卿。

〔2〕守文：即王守文（生卒年不详），王阳明的三弟。王阳明的父亲王华有四子，长子即王阳明，次子王守俭，三子王守文，四子王守章。

〔3〕次第：指按顺序罗列。

〔4〕观省（xǐng 醒）：观览内省。

〔5〕因循：疏懒；怠惰；闲散。苟且：只图眼前，得过且过。

〔6〕随俗习非：谓跟随流俗，不务正业。

〔7〕程子：这里指程颐（1033—1107），字正叔，世称伊川先生，宋洛阳（今属河南）人。为程颢（1032—1085）弟。宋哲宗初，以司马光等荐，历官秘书省校书郎、崇政殿说书、管勾西京国子监，后因政见不合，削籍送涪州（今四川涪陵）编管。宋徽宗即位，复官返洛，致仕卒。他与其兄程颢同学于周敦颐，在认识"天理"的方法步骤上，强调由外界的格物，以达到致知的目的。程氏兄弟合称"二程"，有《二程全书》传世。《宋史》卷四二七

有传。

〔8〕"有求"二句:语本《近思录》卷二《为学》引程颐语"有求为圣人之志,然后可与共学。学而善思,然后可与适道。思而有所得,则可与立。立而化之,则可与权。"

〔9〕天理:宋代理学家起十分关注的哲学命题,原指天道、自然法则,在理学家处,"天理"往往与"人欲"相对提,他们视仁、义、礼、智等封建伦理为客观的道德法则。参见宋朱熹《答何叔京》之二八:"天理只是仁、义、礼、智之总名,仁、义、礼、智便是天理之件数。"人欲:人的欲望嗜好。

〔10〕先觉:觉悟早于常人的人。

〔11〕古训:古代流传下来的典籍或可以作为准绳的话。

〔12〕了释:谓完全的明晓。

〔13〕不敢:表示没有胆量做某事。

〔14〕《记》:即《礼记》,西汉戴圣对秦汉以前汉族礼仪著作加以辑录编纂而成,共四十九篇。因同时戴德别有《记》八十五篇,称《大戴礼记》,此书又称《小戴礼记》。

〔15〕"师严"四句:语出《礼记·学记》。

〔16〕笃(dǔ赌)信:忠实地相信。

〔17〕轻忽:轻视忽略。慢易:怠忽;轻慢。

〔18〕审:谨慎、仔细。

〔19〕慎:慎重。

〔20〕垂训:垂示教训。

〔21〕《五经》:五部儒家经典,即《诗》《书》《礼》《易》《春秋》。《四书》:或称"四子书",南宋朱熹将《中庸》与《论语》《孟子》《大学》合编并作章句。《四书》在明清成为科举考试的主要内容。

〔22〕跛(bǒ博上声)者:瘸腿的人。

〔23〕曾:岂;难道。

〔24〕"吾十有五"二句:语出《论语·为政》。

〔25〕不逾矩:谓人年满七十岁,任何念头不超越规矩。语出《论语·

157

为政》。

〔26〕易而视:轻易看待。

〔27〕气:中国古代哲学概念。宋代理学家认为"气"是一种在"理"(即精神)之后的物质。宋朱熹《答黄道夫》:"天地之间,有理有气。理也者,形而上之道也,生物之本也;气也者,形而下之器也,生物之具也。是以人物之生必禀此理,然后有性;必禀此气,然后有形。"

〔28〕浚(jùn郡):疏浚;深挖。

〔29〕覆卵:即孵卵,谓禽鸟伏在卵上,以体温使卵内的胚胎发育成雏鸟。

〔30〕融结:融合凝聚。

〔31〕神气精明:谓精神气息明洁至诚。

〔32〕义理昭著:谓讲求儒家经义的学问显著。

〔33〕即便:立即。

〔34〕客气:谓言行虚骄,并非出自真诚。语出《左传·定公八年》。

〔35〕怠心:懈怠之心。

〔36〕忽心:轻视之心。

〔37〕懆(cǎo草)心:忧愁不安之心。

〔38〕燎(liǎo蓼上声):烧。

〔39〕魍魉(wǎng liǎng 网两):古代指影子外层的淡影,光的衍射物。

〔40〕因时立教:谓顺应时机而树立教化。

〔41〕大指:同"大旨",谓主要意思,大要。

〔42〕惟精惟一:即精纯专一。语出《尚书·虞书·大禹谟》。

〔43〕"敬以直内"二句:意谓君子主敬用来令内心正直,处事合宜用来使对外方正。语出《易·坤·文言》:"'直'其正也,'方'其义也。君子敬以直内,义以方外,敬义立而德不孤。"

〔44〕"孔子谓"句:格致正诚,即格物、致知、诚意、正心的缩略语,语出《礼记·大学》。博文约礼,"博我以文,约我以礼"的缩略语,语出《论语·子罕》,指老师利用各种文献丰富弟子的学识,又用礼节约束弟子的行为。

〔45〕"曾子"句：意谓曾子讲求忠恕之道。语出《论语·里仁》："曾子曰：'夫子之道,忠恕而已矣!'"曾子,名参(前505—前435),字子舆,鲁国南武城(今属山东临沂市平邑县)人。十六岁拜孔子为师,一生积极推行以仁孝为核心的儒家思想。忠恕,儒家的一种道德规范。忠,谓尽心为人；恕,谓推己及人。

〔46〕"子思"句：意谓君子贤人尊敬此圣人道德之性,自然至诚,因而一心求学。子思,即孔伋(前483—前402),字子思,孔子嫡孙,为春秋战国时期著名的思想家,子思受教于曾参。《史记·孔子世家》认为《中庸》即为子思所撰。"尊德性"句,语出《礼记·中庸》。德性,指人的自然至诚之性。问学,求知；求学。

〔47〕"孟子"句：意谓孟子主张行事合乎道义,涵养本有的正气；找回那丧失的善良之心。孟子,名轲(约前372？—前289),字子舆,邹(今山东邹城市)人。孔子之孙孔伋(子思)的再传弟子,战国时期著名的思想家、教育家,儒家学派的代表人物。与孔子并称"孔孟"。集义养气,指积累善,存养浩然之气。语出《孟子·公孙丑上》："我知言,我善养吾浩然之气。"而孟子以为浩然之气"是集义所生者,非义袭而取之也",即行事合乎道义,方能养浩然之气。求其放心,语出《孟子·告子上》："学问之道无他,求其放心而已矣。"指学问之道即同找回失去的良心。

〔48〕要领：中心要点；基本内容。归宿：指归,意向所归。

〔49〕合若符契：完全符合。符契,即符节,古代符信之一种,以金玉竹木等制成,上刻文字,分为两半,使用时以两半相合为验。

〔50〕道一：指"道"是唯一的。

〔51〕卒：最终。

〔52〕邪说：荒谬有害的言论。

〔53〕精一：指道德修养的精粹纯一。语出《书·大禹谟》："人心惟危,道心惟微,惟精惟一,允执厥中。"

〔54〕敬义：即《易·坤·文言》中所云内心正直与对外方正。参见前注〔43〕。

〔55〕实心：真心实意。体：即体味,谓仔细体会。

点评

　　《论语·述而》:"子曰:'志于道,据于德,依于仁,游于艺。'"立志是人生价值观确立的标志,古今中外的学者多有论述。从儒家哲学的理论角度加以观照"立志",王守仁这一篇诲弟的家训堪称极致。陆王心学与程朱理学认识方法论有别,实则殊途同归,全属于孔孟儒学哲理化进程中的集大成者。阐释立志借用程颐之说,剖析"天理"与"人欲"之分殊,求为圣人,这又是其心学"致良知"道德修养途径的体现。其弟王守文欲其兄言说立志而"浅近其辞",似乎并没有完全实现,今人要真正理解作者用心也会有一定难度。

赴义前一夕遗属(二首其二)[1]

杨继盛

父椒山谕应尾、应箕两儿[2]：

人须要立志，初时立志为君子，后来多有变为小人的。若初时不先立下一个定志[3]，则中无定向，便无所不为，便为天下之小人，众人皆贱恶你[4]。你发愤立志要做个君子，则不拘做官、不做官，人人都敬重你。故我要你第一先立起志气来。心为人一身之主[5]，如树之根，如果之蒂[6]，最不可先坏了心。心里若是存天理、存公道[7]，则行出来便都是好事，便是君子这边的人。心里若存的是人欲、是私意[8]，虽欲行好事，也有始无终，虽欲外面做好人，也被人看破你。如根衰则树枯，蒂坏则果落，故我要你休把心坏了。心以思为职[9]，或独坐时，或夜深时，念头一起则自思曰[10]："这是好念、是恶念？"若是好念便扩充起来，必见之行；若是恶念，便禁止勿思。方行一事则思之："以为此事合天理、不合天理？"若是合天理便行，若是不合天理便止而勿行。不可为分毫违心害理之事，则上天必保护你，鬼神必加佑你[11]，否则天地、鬼神必不容你。

你读书，若中举、中进士[12]，思我之苦，不做官也是；若是做官，必须正直忠厚，赤心随分报国[13]。固不可效我之狂愚[14]，亦不可因我为忠受祸，遂改心易行，懈了为善之志，惹人父贤子不肖

161

之谕[15]。

我若不在，你母是个最正直、不偏心的人，你两个要孝顺他，凡事依他，不可说你母向那个儿子，不向那个儿子；向那个媳妇，不向那个媳妇。要着他生一些儿气，便是不孝，不但天诛你[16]，我在九泉之下也摆布你[17]。

你两个是一母同胞的兄弟，当和好到老，不可各积私财，致起争端。不可因言语差错、小事差池[18]，便面红面赤。应箕性暴些，应尾自幼晓得他性儿的，看我面皮，若有些冲撞，担待他罢[19]！应箕敬你哥哥，要十分小心，合敬我一般的敬才是。若你哥计较你些儿，你便自家跪拜，与他陪礼。他若十分恼，不解，你便央及你哥相好的朋友劝他，不可他恼了，你就不让他。

注释

〔1〕节选自明杨继盛《杨忠愍集》卷三。此遗嘱较长，本书只节选前一部分，遗嘱之后还有关于对两儿妯娌间关系的嘱托，对与他人相处的忠告，对读书、举业乃至婚丧嫁娶皆有关照，堪称面面俱到。杨继盛（1516—1555），字仲芳，号椒山，明保定容城（今属河北）人。嘉靖二十六年（1547）二甲第十一名进士，历官南京吏部主事、兵部员外郎，因疏劾权臣严嵩"五奸十大罪"而下狱，遭受酷刑，最终遇害。明穆宗即位后，以杨继盛为直谏诸臣之首，追赠太常少卿，谥"忠愍"。后人以其故宅改庙以奉，尊为城隍。著有《杨忠愍集》。《明史》卷二〇九有传。遗嘱即遗嘱，谓人在生前或临终时用口头或书面形式嘱咐身后各事应如何处理。

〔2〕谕：教导；教诲。

〔3〕定志：确定不移的志向。

〔4〕贱恶（wù务）：轻视厌恶。

〔5〕心为人一身之主：古人以心为思维器官，故称。

〔6〕果之蒂：瓜果与枝茎相连的部分。

〔7〕天理：原指天道，自然法则，宋代理学家将"天理"与"人欲"相

对,视仁、义、礼、智等封建伦理为客观的道德法则。公道:公共的道理。

〔8〕人欲:人的欲望嗜好。私意:犹私心,与"公道"相对。

〔9〕心以思为职:意谓心这个器官职在思考。语出《孟子·告子上》:"心之官则思,思则得之,不思则不得也。"

〔10〕念头:心思。

〔11〕鬼神:泛指神灵、精气。加佑:保护帮助。

〔12〕中(zhòng众)举:科举时代称乡试考中为中举。中(zhòng众)进士:科举时代称殿试考取的人。明代举人经会试中式后即可称为进士。

〔13〕赤心:赤诚的心志。随分(fèn奋)报国:依据本分为国家效力尽忠。

〔14〕狂愚:狂妄愚昧。这是一种自谦的说法。

〔15〕诮(qiào峭):嘲笑,讥刺。

〔16〕天诛:上天诛罚。

〔17〕九泉:犹黄泉,指自己死后。摆布:处置。

〔18〕差池:差错。

〔19〕担待:原谅。

点评

据《明史》本传,杨继盛因严嵩等奸佞而被收捕,嘉靖帝系诏狱三年方被杀,从容就义。这篇遗嘱多用家常话语娓娓道来,从人生立志的角度切入,勉励两个儿子做君子不做小人,一片丹心可对天日。其中"思我之苦,不做官也是;若是做官,必须正直忠厚,赤心随分报国"数语,平静中暗寓沉痛,感人至深。其临刑赋诗云:"浩气还太虚,丹心照千古。生平未报恩,留作忠魂补。"正气凛然,感天动地!

终身让路,不失尺寸[1]

张 英

古人有言:"终身让路,不失尺寸。"[2]老氏以让为宝[3],左氏曰:"让,德之本也。"[4]处里闬之间[5],信世俗之言,不过曰渐不可长[6],不过曰后将更甚,是大不然[7]。人孰无天理良心、是非公道?揆之天道[8],有满损虚益之义[9];揆之鬼神,有亏盈福谦之理[10]。自古只闻忍与让足以消无穷之灾悔[11],未闻忍与让翻以酿后来之祸患也。欲行忍让之道,先须从小事做起。余曾署刑部事五十日[12],见天下大讼大狱[13],多从极小事起。君子敬小慎微[14],凡事知从小处了[15]。余行年五十馀,生平未尝多受小人之侮,只有一善策:能转湾早耳[16]。每思天下事,受得小气则不至于受大气,吃得小亏则不至于吃大亏,此生平得力之处。凡事最不可想占便宜,子曰:"放于利而行,多怨。"[17]便宜者,天下人之所共争也。我一人据之,则怨萃于我矣[18];我失便宜,则众怨消矣。故终身失便宜,乃终身得便宜也。

古云:"终身让路,不失尺寸。"言让之有益无损也。世俗瞽谈[19],妄谓让人则人欺之,甚至有尊长教其卑幼无多让。此极为乱道[20]。以世俗论,富贵家子弟理不当为人所侮,稍有拂意[21],便自谓:"我何如人!而彼敢如是以加我!"从傍人亦不知义理[22],用一二言挑逗之,遂尔气填胸臆[23],奋不顾身。全不思富贵者,众射之的也,群妒之媒也[24]。谚曰:"一家温饱,千家怨忿[25]。"惟当抚躬自返[26],我所得于天者已多,彼同生天壤,或系亲戚,或同里闬,而失意如此,我不让彼,而彼顾肯让我乎?尝持此心,深明此理,自然心平气和,即有拂意之事、逆耳之言,如浮云行空,与吾无涉。姚端恪公有言[27]:"此乃成就我福德相[28]!"愈加恭谨以逊谢之,则横逆之来盖亦少矣[29]。愿以此为热火世界一帖清凉散也[30]。

注释

〔1〕节选自清张英《文端集》卷四六《笃素堂文集十·杂著·聪训斋语》,所选二则以其内容相近且相互关联,故缀于一处。题目据正文拟。张英(1638—1708),字敦复,一字梦敦,号乐圃,又号倦圃翁,桐城(今属安徽)人。康熙六年(1667)二甲第四名进士,选庶吉士,历官内阁学士兼礼部侍郎、兵部侍郎,累官至文华殿大学士兼礼部尚书。他居官勤俭谨慎,了解民生疾苦。曾先后充任纂修《国史》《一统志》《渊鉴类函》《政治典训》《平定朔漠方略》总裁官。卒谥文端。《清史列传》卷九、《清史稿》卷二六七有传。后者有云:"英自壮岁即有田园之思,致政后,优游林下者七年。为《聪训斋语》《恒产琐言》,以务本力田、随分知足诰诫子弟。"

〔2〕"终身让路"二句:语出《新唐书》卷一一五《朱敬则传》:"敬则兄仁轨,字德容,隐居养亲。常诲子弟曰:'终身让路,不枉百步;终身让畔,不失一段。'"又《汉书》卷六八《霍光传》有"不失尺寸"之语,形容霍光进退殿门的停留处十分固定,几乎没有分寸差别,这里借用词汇,综合两者而用为古语。

〔3〕老氏以让为宝:这里当谓老子"不敢为天下先"的思想,即谦让与不争。《老子》第六十七章:"我有三宝,持而宝之:一曰慈,二曰俭,三曰不敢为天下先。夫慈,故能勇;俭,故能广;不敢为天下先,故能成器长。"

〔4〕"左氏曰"三句:《左传·文公元年》:"卑让,德之基也。"《左传

·昭公十年》:"让,德之主也,让之谓懿德。""德之本也"四字,系作者误记所致。

〔5〕里闬(hàn汉):里门,代指乡里。

〔6〕渐不可长:谓刚露头的不好事物不能容许其发展滋长。

〔7〕是大不然:谓这非常不正确。

〔8〕揆:衡量。天道:犹天理,天意。

〔9〕满损虚益:意谓自满招致损失,谦虚得到益处。语本《书·大禹谟》:"满招损,谦受益,时乃天道。"

〔10〕亏盈福谦:意谓使骄傲自满者受损害,使谦虚者得福。语本《易·谦·彖辞》:"鬼神害盈而福谦,人道恶盈而好谦。"亏,义同"害",这里皆有损害的意思。

〔11〕灾悔:谓灾难与后悔。

〔12〕署:指代理、暂任。刑部:清代掌管刑法、狱讼事务的官署,属六部之一。

〔13〕大讼大狱:谓影响较大的诉讼案件。

〔14〕敬小慎微:谓对细微的事也持谨慎小心的态度。

〔15〕从小处了:谓在事物处于苗头阶段加以处理,不令其发展。

〔16〕转湾:同"转弯",谓改变想法,即换一种思考。

〔17〕"子曰"三句:语出《论语·里仁》,意谓依据个人利益而行动,就会招来很多怨恨。

〔18〕萃:聚集;汇集。

〔19〕謷谈:无稽之谈。

〔20〕乱道:妄言;胡说。

〔21〕拂意:不如意。

〔22〕从傍人:随从;仆从。义理:谓合于一定伦理道德的行事准则。

〔23〕遂尔:于是乎。气填胸臆:意谓怒从心上起。

〔24〕"众射之的也"二句:意谓富与贵是为社会所妒恨的目标与诱因。的,箭靶的中心。媒,诱因。

〔25〕"一家温饱"二句:此即俗谚"一家饱暖千家怨"之义。怨忿,怨

恨气愤。

〔26〕抚躬自返：反躬自问，谓自我反省。

〔27〕姚端恪公：即姚文然（1621—1678），字若侯，号龙怀，桐城（今属安徽）人。明崇祯十六年（1643）二甲第四十三名进士，入清官至刑部尚书。卒谥端恪。《清史列传》卷七、《清史稿》卷二六三有传。后者云："文然清介，里居几不能自给，在官屏绝馈遗，晚益深研性命之学。"张英次子张廷玉娶姚文然第六女，张姚两家为儿女亲家。

〔28〕福德：福分和德行。

〔29〕横（hèng恒去声）逆：横暴无理的行为。《孟子·离娄下》："有人于此，其待我以横逆，则君子必自反也。"汉赵岐注："横逆者，以暴虐之道来加我也。"

〔30〕热火世界：比喻社会因贫富不均处于燥热状态。清凉散：可退热祛暑的中医成药。

点评

东汉末说过"宁我负人，毋人负我"这句极端自我的名言的曹操，也曾引用里谚"让礼一寸，得礼一尺"作为政令发布，可见容让在处理人际关系中的重要性。桐城老张家的房基地与邻居产生纠纷，家人致书张英请求撑腰，张英回书七绝一首："千里修书只为墙，让他三尺又何妨。长城万里今犹在，不见当年秦始皇。"此诗还有另一版本："纸纸索书只为墙，让渠径寸又何妨。秦皇枉作千年计，今见墙成不见王。"达观大度，家人接书醒悟，礼让邻居三尺，邻居见状大受感动，也让出三尺，桐城从此留下"六尺巷"的遗迹，供游人感叹称誉。张英之子张廷玉（1672—1755）历仕三朝，官至大学士，绝不像一般"官二代"或"富二代"那般飞扬跋扈、不可一世，名声更超过其父，卒后成为清朝唯一一位配享太庙的汉臣。古代贤臣家教之严、之有效可见一斑！

为学一首示子侄[1]

彭端淑

天下事有难易乎？为之，则难者亦易矣；不为，则易者亦难矣。人之为学有难易乎？学之，则难者亦易矣；不学，则易者亦难矣。

吾资之昏不逮人也[2]，吾材之庸不逮人也[3]，旦旦而学之[4]，久而不怠焉，迄乎成[5]，而亦不知其昏与庸也。吾资之聪倍人也[6]，吾材之敏倍人也，屏弃而不用，其与昏与庸无以异也。圣人之道，卒于鲁也传之[7]。然则昏庸聪敏之用，岂有常哉[8]？

蜀之鄙有二僧[9]：其一贫，其一富。贫者语于富者曰[10]："吾欲之南海[11]，何如？"富者曰："子何恃而往？"[12]曰："吾一瓶一钵足矣。"[13]富者曰："吾数年来欲买舟而下[14]，犹未能也。子何恃而往？"越明年[15]，贫者自南海还，以告富者，富者有惭色。

西蜀之去南海，不知几千里也。僧富者不能至而贫者至焉。人之立志，顾不如蜀鄙之僧哉[16]！是故聪与敏，可恃而不可恃也，自恃其聪与敏而不学者，自败者也。昏与庸，可限而不可限也[17]；不自限其昏与庸而力学不倦者，自力者也[18]。

注释

〔1〕选自清彭端淑《白鹤堂稿·杂著》。彭端淑（1699—1779），字乐斋，号仪一，眉州丹棱（今四川丹棱）人。雍正十一年（1733）三甲第

一六八名进士,历官吏部郎中,充顺天乡试同考官,出为广东肇罗道,后辞官家居十馀年,主讲锦江书院。著有《白鹤堂稿》不分卷。《清史列传》卷七一有传,谓其"以实学课士,年八十一卒"。所谓"为学",即做学问,治学。

〔2〕资:谓天资,即天赋,资质。昏:昏聩;糊涂。逮:比得上。

〔3〕材:资质。庸:平凡,平庸。

〔4〕旦旦:天天。

〔5〕迄(qì器):到,至。

〔6〕倍:谓加倍超越。

〔7〕"圣人之道"二句:意谓孔子的学说,最终是由较为迟钝的门徒曾参继承传于后世。《论语·先进》:"参也鲁。"鲁,谓迟钝。《史记·仲尼弟子列传》:"曾参,南武城人,字子舆,少孔子四十六岁。孔子以为能通孝道,故授之业。作《孝经》,死于鲁。"

〔8〕常:谓固定不变。

〔9〕蜀:古代先后为族名、国名、郡名,地理范围包括四川盆地及附近地区,包括今天四川的中东部、陕南、黔北、鄂西等地。鄙:边远地区。

〔10〕语(yù遇):告诉。

〔11〕南海:特指南海观音所在处,即普陀山,中国佛教四大名山之一,地处今浙江舟山市普陀区,属舟山群岛,为观音菩萨教化众生的道场。

〔12〕何恃:凭借什么。

〔13〕一瓶一钵:旧时僧人出行所带的食具,瓶盛水,钵盛饭,用以化缘。

〔14〕买舟:雇船。

〔15〕越明年:到了第二年。

〔16〕顾:难道。

〔17〕限:限定、限制。

〔18〕自力:尽自己的力量。

点评

  作者以平易近人的口吻,语重心长地教诲子侄勤勉为学,又通过蜀之贫富两僧南海之行的果与不果的对比,总结出"易"与"难"的辩证关系,发人深省。程朱理学强调"知先行后"说,如程颐《颜子所好何学论》有云:"君子之学,必先明诸心,知所养,然后力行以求至,所谓自明而诚也。"王阳明心学则强调"知行合一",如其《答顾东桥书》认为:"知之真切笃实处即是行,行之明觉精察处即是知。"显然蜀之贫僧躬行阳明"知行合一"之说,一有念头即付诸实践,结果获得成功。文章中以"为之,则难者亦易矣,不为,则易者亦难矣"这一对句劝学,也强调了治学不能只停留于口头上,必须身体力行,勇于实践,方能获得成功。

专书总集中的传世家训

齐人教子之谬[1]

《颜氏家训》

齐朝有一士大夫[2],尝谓吾曰:"我有一儿,年已十七,颇晓书疏[3],教其鲜卑语及弹琵琶[4],稍欲通解[5],以此伏事公卿[6],无不宠爱,亦要事也[7]。"吾时俯而不答[8]。异哉,此人之教子也!若由此业,自致卿相[9],亦不愿汝曹为之。

注释

〔1〕选自北齐颜之推《颜氏家训》卷一《教子第二》,题目据正文拟。颜之推(531—595?),字介,临沂(今山东临沂)人。梁元帝时,官至散骑侍郎。梁亡,奔北齐,为黄门侍郎。北齐亡后入周,为御史上士。隋文帝时,太子召为学士,不久即以疾终。颜之推身处动乱时代,历经四朝,目睹当时士大夫子弟游手好闲、浮浪无能,特意撰写《颜氏家训》七卷二十篇以训诫子弟。颜之推作为古代著名教育家,其论学宗旨以儒家经典为基础,兼及百家之言,即所谓"明《六经》之指,涉百家之书",并且非常注意知识的学以致用。

〔2〕齐朝:即北齐(550—577),东魏孝定帝武定八年(550),高洋夺东魏政权建立,国号齐,建元天保,建都邺城(今河北邯郸临漳县),史称北齐。历经文宣帝高洋、废帝高殷、孝昭帝高演、武成帝高湛、后主高纬、幼主高恒六帝,于承光元年(577)为北周攻灭,享国二十八年。

〔3〕书疏(shù 树):信札。

〔4〕鲜卑:我国古代少数民族名,原为游牧部落东胡族的一支,至晋初分为数部,其中以慕容、拓跋二氏为最著。拓跋氏建国号魏,史称北魏,后分裂成东魏与西魏,又演为北齐、北周。内迁的鲜卑人在隋唐以后渐被汉民族同化。北齐即为鲜卑化的汉人政权。琵琶:这里当指南北朝时传入我国的曲项琵琶,四弦,腹呈半梨形,颈上有四柱,横抱怀中,用拨子弹奏,为近现代琵琶的前身。

〔5〕通解:通晓理解。

〔6〕伏事:谓侍候,服侍。公卿:泛指高官。

〔7〕要事:要诀。

〔8〕俯而不答:低头不加回应,含蓄表示不以为然。

〔9〕自致:凭主观努力而得。卿相:执政的大臣。

点评

以谄事权贵实现人生价值,如此教子,如同汉宣帝时的御史大夫陈万年再三嘱咐其子陈咸,怎一个"谄"字了得!如此奴性哲学的泛滥,属于专制社会人才制度下产生的一具怪胎,无怪乎颜之推嗤之以鼻了。

施而不奢,俭而不吝[1]

《颜氏家训》

笞怒废于家,则竖子之过立见[2];刑罚不中,则民无所措手足[3]。治家之宽猛[4],亦犹国焉。孔子曰:"奢则不孙,俭则固;与其不孙也,宁固。"[5]又云:"如有周公之才之美,使骄且吝,其馀不足观也已。"[6]然则可俭而不可吝已。俭者,省约为礼之谓也[7];吝者,穷急不恤之谓也[8]。今有施则奢[9],俭则吝;如能施而不奢,俭而不吝,可矣。

注释

〔1〕选自北齐颜之推《颜氏家训》卷一《治家第五》。题目据正文拟。

〔2〕"笞(chī吃)怒"二句:意谓家中教育子弟若不用体罚手段,他们的过错立刻会显现出来。这是古代家庭教育不废体罚的一个理据。语本《吕氏春秋·孟秋季·荡兵》:"家无怒笞,则竖子、婴儿之有过也立见。"笞,用鞭、杖或竹板打人。竖子,指小孩。见(xiàn现),同"现"。

〔3〕"刑罚"二句:意谓刑罚不得当,百姓就会惶恐不知所措。语本《论语·子路》:"礼乐不兴,则刑罚不中;刑罚不中,则民无所错手足。"中(zhòng众),相当,得当。错,同"措",安置的意思。《史记·律书》有"故教笞不可废于家,刑罚不可捐于国"之说。

〔4〕宽猛:宽大与严厉。

〔5〕"孔子曰"四句:语出《论语·述而》。意谓用度奢侈就显得骄傲,俭约朴素的人显得寒伧。与其骄傲,宁可寒伧。孙(xùn 训),同"逊",谦顺;恭顺。固,鄙陋,这里指寒伧。

〔6〕"又云"三句:语出《论语·泰伯》。意谓如果才能之美堪比周公,假使骄傲并且吝啬,其他方面也就无足观了。周公,参见本书所选《天道亏盈而益谦》注〔1〕。使,假使。吝,吝啬。

〔7〕省约:简约,简省。

〔8〕穷急:穷困急迫。不恤(xù 序):不忧悯;不顾惜。恤,周济;怜悯。

〔9〕施:施舍。

点评

　　治家与治国同,都有一个"度"的掌握问题,若一切皆能适可而止,就会左右逢源,而非捉襟见肘。宽猛适中,奢俭得宜,居家处世,都不可忽视。《论语·雍也》所谓"中庸之为德也,其至矣乎",就是此意。

自求诸身[1]

《颜氏家训》

梁朝全盛之时[2],贵游子弟[3],多无学术,至于谚云:"上车不落则著作,体中何如则秘书。"[4]无不熏衣剃面,傅粉施朱[5],驾长檐车[6],跟高齿屐[7],坐棋子方褥[8],凭斑丝隐囊[9],列器玩于左右[10],从容出入,望若神仙[11]。明经求第,则顾人答策[12];三九公宴[13],则假手赋诗[14]。当尔之时,亦快士也[15]。及离乱之后[16],朝市迁革[17],铨衡选举[18],非复曩者之亲[19];当路秉权[20],不见昔时之党[21]。求诸身而无所得[22],施之世而无所用[23]。被褐而丧珠[24],失皮而露质[25],兀若枯木,泊若穷流[26],鹿独戎马之间[27],转死沟壑之际[28]。当尔之时,诚驽材也[29]。有学艺者[30],触地而安[31]。自荒乱已来[32],诸见俘虏。虽百世小人[33],知读《论语》《孝经》者[34],尚为人师;虽千载冠冕[35],不晓书记者[36],莫不耕田养马。以此观之,安可不自勉耶?若能常保数百卷书,千载终不为小人也。

注释

〔1〕选自北齐颜之推《颜氏家训》卷三《勉学第八》。题目据正文拟。

〔2〕梁朝:即南朝梁(502—557),为梁武帝萧衍所建,定都建康(今

江苏南京市),历简文帝萧纲、元帝萧绎、敬帝萧方智,禅位于陈霸先的陈朝,凡五十六年,历四主。

〔3〕贵游子弟:指无官职的王公贵族子弟。

〔4〕"上车不落则著作"二句:意谓年纪不大只要自己不会掉下车来,就可以当著作郎;能书写信函的简单问候语,就可以官秘书郎。这是讽刺当时官僚贵族子弟凭借家族势力任意做官的普遍现实。著作,著作郎,隶秘书省,掌修国史与起居注。体中何如,若言"身体如何",六朝时书信开首的一般问候语,这里泛指文字水平不高,仅能作一般问候起居之书信者。秘书,秘书郎,掌管经籍图书校阅的官吏,职甚清逸,常为士族子弟升迁之捷径。唐徐坚《初学记》卷一二《职官部·秘书郎》:"此职与著作郎,自置以来,多起家之选。在中朝,或以才授。历江左多仕贵游,而梁世尤甚。当时谚曰:'上车不落为著作,体中何如则秘书。'言其不用才也。"

〔5〕"熏衣剃面"二句:形容贵族子弟只注重个人穿着打扮甚至女人化的倾向。熏衣,古人焚香以使衣物沾染香气。剃面,刮脸,类似于旧时妇女的绞脸修容术,即用细线交互缠绞拔去脸上的汗毛。傅粉,搽粉。施朱,涂以红色,当谓涂唇。

〔6〕长檐车:车盖之前檐较长的车,或谓即"通幰车"的异名。

〔7〕跟:穿着。高齿屐(jī机):高齿木屐。

〔8〕棋子方褥:用织成方格图案的绮所制方形坐褥。

〔9〕凭:依着,靠着。斑丝:杂色丝的织成品。隐(yìn 印)囊:供人倚凭的软囊,犹今之靠枕、靠褥之类。

〔10〕器玩:谓可供玩赏的器物。

〔11〕神仙:神话传说中人物。

〔12〕"明经求第"二句:意谓欲通过明经一途察举为官,就雇佣他人代为射策。南北朝选官大体沿袭魏晋行九品中正制,但屡有停省革改。明经,汉武帝时所设置的察举科目,以通晓经学为入仕一途。求第,谓求取等第。顾,同"雇"。答策,即回答策问,策为汉代开始设立的,注重考察应考者的政事经义能力,审定各人水平高下的方式。

〔13〕三九公宴:谓有三公九卿所参加的高官宴会。三公,古代中央

三种最高官衔的合称,周、西汉、东汉所指有异,东汉以太尉、司徒、司空为三公,后世多因之。九卿,古代中央政府的九个高级官职,历代所指多有不同。

〔14〕假手赋诗:谓请他人代为作诗。

〔15〕"当尔之时"二句:意谓那个时候,也可称为豪爽之士了。作者调侃讽刺意味明显。

〔16〕离乱:当谓侯景之乱(548—552)。侯景原为东魏大将,于梁武帝太清元年(547)降梁,驻守寿阳,第二年勾结京城守将萧正德叛梁,占领建康(今南京),饿死梁武帝萧衍,立萧纲为帝,旋又为所废杀,自称帝,国号汉。侯景为害江南多年,终为梁旧臣陈霸先等所攻杀,陈朝建立,动乱方告一段落。

〔17〕朝市迁革:谓朝廷政权发生变化。朝市,这里南梁朝廷。

〔18〕铨(quán 全)衡:谓人才的考核、选拔。

〔19〕非复:不再是。曩(nǎng 囊上声)者:往日,从前。

〔20〕当路:执政者。秉权:执掌政权。

〔21〕党:亲族。

〔22〕诸:代词"之"和介词"于"的合音。身:自身,自我。

〔23〕施:施行;施展。

〔24〕被(pī 披)褐而丧珠:反用"被褐怀玉"之典,身穿粗布衣服,亦无真正才德,意谓其人无论内外,皆一无可取。

〔25〕失皮而露质:改换了"羊质虎皮"之典,羊质虎皮本指羊披虎皮,而本质上仍是如羊般,徒有其表,而此处,指因战乱,"虎皮"失去,没有才干的本质也就暴露了。

〔26〕"兀若枯木"二句:谓呆立如同枯木一般,浅薄如同干涸的河流,形容其人木讷空虚,浅薄无知。泊,通"薄",浅薄。穷流,干涸的河流。

〔27〕鹿独:犹落拓,形容颠沛流离。戎马:战乱,战争。

〔28〕转死沟壑:谓弃尸于山沟水渠。

〔29〕驽(nú 奴)材:平庸低劣之材。

〔30〕学艺:学问、技艺的统称。

〔31〕触地而安:意谓到处都可以安身立命。

〔32〕荒乱:混乱。这里指侯景之乱。

〔33〕百世小人:谓世世代代的平民百姓子弟。

〔34〕《论(lún 伦)语》:儒家经典,孔子弟子及其后学关于孔子言行思想的记录,二十篇。《孝经》:宣扬孝道与孝治思想的儒家经典。

〔35〕千载冠冕:谓世世代代的仕宦之家子弟。

〔36〕书记:谓典籍、文字等。

点评

《战国策·赵策四》记述左师触龙说服赵太后的一段话:"岂人主之子孙则必不善哉?位尊而无功,奉厚而无劳,而挟重器多也。"至今发人深省。清末八旗子弟的颓废,源于"铁杆庄稼"的茂盛,一旦化为乌有,生计即成问题。当下社会中某些"官二代""富二代"不学无术而"挟重器多",只知凭借父兄势力或财力耀武扬威,横行不法,乃至走上害己"坑爹"的不归路。如果能稍微留意一下这篇文章,勤于读书,就不至于怙恶不悛了!

读 书 致 用[1]

《颜氏家训》

夫所以读书学问[2],本欲开心明目[3],利于行耳。未知养亲者,欲其观古人之先意承颜[4],怡声下气[5],不惮劬劳[6],以致甘腝[7],惕然惭惧[8],起而行之也[9];未知事君者,欲其观古人之守职无侵[10],见危授命[11],不忘诚谏[12],以利社稷[13],恻然自念[14],思欲效之也;素骄奢者[15],欲其观古人之恭俭节用[16],卑以自牧[17],礼为教本[18],敬者身基[19],瞿然自失[20],敛容抑志也[21];素鄙吝者[22],欲其观古人之贵义轻财[23],少私寡欲,忌盈恶满[24],赒穷恤匮[25],赧然悔耻[26],积而能散也[27];素暴悍者[28],欲其观古人之小心黜己[29],齿弊舌存[30],含垢藏疾[31],尊贤容众[32],苶然沮丧[33],若不胜衣也[34];素怯懦者[35],欲其观古人之达生委命[36],强毅正直[37],立言必信[38],求福不回[39],勃然奋厉[40],不可恐慑也[41]:历兹以往[42],百行皆然[43]。纵不能淳[44],去泰去甚[45]。学之所知,施无不达[46]。世人读书者,但能言之,不能行之,忠孝无闻,仁义不足;加以断一条讼[47],不必得其理[48];宰千户县[49],不必理其民[50];问其造屋,不必知楣横而梲竖也[51];问其为田,不必知稷早而黍迟也[52];吟啸谈谑[53],讽咏辞赋,事既优闲[54],材增迂诞[55],军国经纶[56],略无施用[57]:故为武人俗吏所共嗤诋[58],良由是乎[59]！

注释

〔1〕选自北齐颜之推《颜氏家训》卷三《勉学第八》。题目据正文拟。

〔2〕学问：谓对于知识、技能等的学习和询问。

〔3〕开心明目：谓开通思想，启发智慧，增长见识。

〔4〕先意承颜：语本《礼记·祭义》中"先意承志"，意谓孝子先父母之意而承顺其心意，以博取长辈的欢心。

〔5〕怡声下气：即"下气怡声"，谓和悦声气，态度恭顺。《礼记·内则》："及所，下气怡声，问衣燠寒。"

〔6〕不惮（dàn 旦）：不畏惧。劬（qú 衢）劳：劳累。

〔7〕甘腝（ér 倆）：鲜美柔软的食物。腝，熟烂。

〔8〕惕然：警觉省悟貌。惭惧：羞愧恐惧。

〔9〕起而行之：谓振作并加践行。

〔10〕守职：忠于职守。侵：指行事超出特定的范围、职权或限度。

〔11〕见危授命：谓在危难关头，勇于献身。《论语·宪问》："见利思义，见危授命，久要不忘平生之言，亦可以为成人矣！"

〔12〕诚谏："诚"当为隋时避隋文帝父杨忠讳而从"忠"字改，即忠谏，即忠心规劝。

〔13〕社稷（jì 季）：古代帝王、诸侯所祭的土神和谷神，后用为国家的代称。

〔14〕恻然：悲伤貌。自念：私下里思考。

〔15〕骄奢：骄横奢侈。

〔16〕恭俭节用：恭谨俭约，节省费用。

〔17〕卑以自牧：谓以谦卑自守。语出《易·谦》："谦谦君子，卑以自牧也。"

〔18〕礼为教本：谓礼为教化的根本。

〔19〕敬者身基:谓恭敬是立身的基础。

〔20〕瞿(jù 剧)然:惊骇貌。自失:因感空虚、不足而内心若有所失。

〔21〕敛容:显出端庄的脸色。抑志:抑制自己的志向。

〔22〕鄙吝:过分爱惜钱财。

〔23〕贵义轻财:重视义,而以钱财为身外之物。

〔24〕忌盈恶满:谓忌惮憎恶过分与自满。语本《易·谦·彖辞》:"人道恶盈而好谦。"

〔25〕赒(zhōu 周)穷恤匮(xù kuì 序溃):接济、救助鳏寡孤独及其他贫困的人。赒,周济。恤,救济。匮,空乏。

〔26〕赧(nǎn 腩)然:惭愧脸红貌。悔耻:因知耻而悔恨。

〔27〕积而能散:谓聚财以后能够将财物分发。

〔28〕暴悍:凶暴强悍。

〔29〕黜(chù 触)己:收敛、约束自己。

〔30〕齿弊舌存:谓刚者易折,柔者难毁。语本汉刘向《说苑·敬慎》:"老子曰:'夫舌之存也,岂非以其柔耶?齿之亡也,岂非以其刚耶?'"

〔31〕含垢藏疾:包容污垢,藏匿恶物,用以形容宽仁大度。语出《左传·宣公十五年》:"川泽纳污,山薮藏疾,瑾瑜匿瑕,国君含垢,天之道也。"

〔32〕尊贤容众:谓尊敬贤者并能接纳普通人。语本《论语·子张》:"子张曰:异乎吾所闻:君子尊贤而容众,嘉善而矜不能。"

〔33〕茶(nié 聂阳平)然沮丧:谓精神颓丧。茶然,形容衰落不振。

〔34〕若不胜(shēng 生)衣:形容人虚弱,似乎连衣服的重量都承受不起。

〔35〕怯(qiè 窃)懦:胆小;懦弱。

〔36〕达生:谓参透人生、不受世事牵累的处世态度。委命:听任命运支配。

〔37〕强毅:刚强坚定,有毅力。

〔38〕立言必信:谓立下誓言就一定信守承诺。

〔39〕求福不回:意谓以正道求神赐福。回,邪僻。语出《诗·大雅·

旱麓》。

〔40〕勃然:兴起貌。奋厉:激励;振奋。

〔41〕恐慑:威胁慑伏。

〔42〕历兹以往:意谓以此类推。

〔43〕百行:各种品行。

〔44〕淳:质朴;敦厚。

〔45〕去泰去甚:意谓抛弃过分的行为。泰,太;过甚。

〔46〕"学之"二句:意谓通过学习获取知识,用于任何地方都会显现成效。

〔47〕断一条讼:谓审理一桩案件。

〔48〕理:道理;事理。

〔49〕千户县:汉代的县,万户以上的主管称"令",万户以下者称"长"。千户县,当谓最小的县。

〔50〕理:治理。

〔51〕楣(méi眉):房屋的次梁,横置。棁(zhuō捉):梁上短柱,竖立。

〔52〕稷(jì季):一种食用作物,即粟,北方称去皮者为小米。黍(shǔ蜀):一种食用作物,去皮后北方通称黄米,性黏,可酿酒。就一地而论,稷的播种期较黍为早。

〔53〕吟啸:高声吟唱;吟咏。谈谑(xuè穴去声):谈笑戏谑。

〔54〕优闲:闲逸,安闲。

〔55〕迂诞:迂阔荒诞;不合事理。

〔56〕军国:统军治国。经纶:整理丝缕、理出丝绪和编丝成绳,统称经纶。引申为筹划治理国家大事。

〔57〕施用:施行,实行。

〔58〕武人:谓军人。俗吏:才智凡庸的官吏。嗤诋(chī dǐ 痴抵):嘲骂。

〔59〕良:副词。确实;果然。由:介词。由于,因为。是:这。

点评

　　学以致用,是理论与实践的关系的体现。认识事物的道理与实行其事,本属密不可分,若两相背离,学习的目的性就化为乌有,一切皆无从谈起。这段家训经作者反复陈说,娓娓道来,鞭辟入里地解析了学与用的关系,今天仍有极高的认识价值。

不可偏信一隅[1]

《颜氏家训》

校定书籍[2],亦何容易,自扬雄、刘向[3],方称此职耳。观天下书未遍,不得妄下雌黄[4]。或彼以为非,此以为是;或本同末异[5];或两文皆欠。不可偏信一隅也[6]。

注释

〔1〕选自北齐颜之推《颜氏家训》卷三《勉学第八》。题目据正文拟。

〔2〕校(jiào叫)定:考核订正。

〔3〕扬雄:字子云(前53—18),西汉蜀郡成都(今四川成都郫都区)人。博览群书,长于辞赋。年四十馀,始游京师长安,以文见召,奏《甘泉》《河东》等赋。成帝时任给事黄门郎。王莽时任大夫,校书天禄阁。又仿《论语》作《法言》,仿《周易》作《太玄》,表述他对社会、政治、哲学等方面的思想。刘向:参见本书所选《吊者在门,贺者在闾》注〔1〕。

〔4〕雌黄:用矿物雌黄制成的颜料。古人写字用黄纸,有误,则用雌黄涂抹后改写,指修改。

〔5〕本同末异:意谓根本上相同,末节上不同。

〔6〕一隅(yú鱼):即一隅之见,谓片面的见解。

点评

  在传统古籍校勘学上,这一段文字极其有名,为古籍校点者奉为圭臬。读书治学如此,为人处世又何尝不是如此!观察思考问题,皆须全面细致,一隅之说,不可偏信;否则一叶障目,不见泰山,认识片面,就有可能决断错误,造成损失。

学问有利钝[1]

《颜氏家训》

学问有利钝,文章有巧拙[2]。钝学累功[3],不妨精熟[4];拙文研思[5],终归蚩鄙[6]。但成学士[7],自足为人。必乏天才[8],勿强操笔。吾见世人,至无才思[9],自谓清华[10],流布丑拙[11],亦以众矣,江南号为"诇痴符"[12]。近在并州[13],有一士族[14],好为可笑诗赋,诮擎邢、魏诸公[15],众共嘲弄,虚相赞说[16],便击牛酾酒[17],招延声誉[18]。其妻,明鉴妇人也[19],泣而谏之[20]。此人叹曰:"才华不为妻子所容,何况行路[21]!"至死不觉[22]。自见之谓明[23],此诚难也。

学为文章,先谋亲友[24],得其评裁,知可施行,然后出于;慎勿师心自任[25],取笑旁人也。自古执笔为文者,何可胜言[26]。然至于宏丽精华[27],不过数十篇耳。但使不失体裁[28],辞意可观,便称才士;要须动俗盖世[29],亦俟河之清乎[30]!

注释

〔1〕选自北齐颜之推《颜氏家训》卷四《文章第九》。题目据正文拟。利钝:谓敏捷与迟钝。南朝梁刘勰《文心雕龙·养气》:"且夫思有利钝,时有通塞。"

〔2〕巧拙:谓巧妙与笨拙。

〔3〕钝学累(lěi磊)功:意谓迟钝的人只要刻苦学习,也能取得好效果。累,积聚。功,功效,效果。

〔4〕精熟:精通熟悉。

〔5〕拙文研思:意谓笨拙之文经过反复思考。研思,深思;反复思考。

〔6〕蚩鄙:粗野拙劣。

〔7〕但:只;仅。学士:泛指有一定学问的读书人。

〔8〕天才:这里谓卓绝的创造力、想象力。

〔9〕至无:完全没有。才思:才气和思致。

〔10〕清华:指文章清丽华美。

〔11〕丑拙:谓丑陋笨拙之文。

〔12〕江南:南北朝时,南朝与北朝隔长江对峙,因称南朝及其统治下的地区为江南。伶(líng灵)痴符:称文拙而好衒卖行世的人。

〔13〕并(bīng兵)州:古州名。相传禹治洪水,划分域内为九州。据《周礼》《汉书·地理志上》记载,并州为九州之一。其地约当今河北保定和山西太原、大同一带地区。

〔14〕士族:世族。东汉以后在地主阶级内部逐渐形成的世家大族。在政治、经济各方面都享有特权。士族制度于南北朝时最盛,至唐末渐趋消亡。

〔15〕诮擎(tiǎo piē 朓瞥):嘲弄、戏弄。邢魏:谓邢邵与魏收。邢邵(496—561),北朝魏、齐时文学家,"邵"一作"劭",字子才,河间鄚(今河北任丘北)人。历官起事黄门侍郎、西兖州刺史、太常卿、中书监,摄国子祭酒。《北齐书》卷三六、《北史》卷四三有传。魏收(507—572),字伯起,小字佛助。钜鹿下曲阳(今河北晋州)人。南北朝时期史学家、文学家,北魏骠骑大将军魏子建之子。累官至尚书右仆射,掌诏诰。撰《魏史》,卒谥文贞。魏收历仕北魏、东魏、北齐三朝,与温子升、邢邵并称"北地三才子"。《魏书》卷一○四、《北齐书》卷三七、《北史》卷五六有传。

〔16〕虚相赞说:假意欣赏称赞。

〔17〕击牛酾(shī诗)酒:杀牛并过滤酒。意谓用以犒赏吹捧自己文

189

章者。醨,过滤。

〔18〕招延:招致;求取。

〔19〕明鉴:称人善于识别事物;明察。

〔20〕谏(jiàn鉴):规劝。

〔21〕行路:路人。比喻与自己利益不相关的人。

〔22〕至死不觉:意谓到死也没有觉悟。

〔23〕自见之谓明:意谓知道自己水平高低者可称明智。语出《韩非子·喻老》。

〔24〕谋:计议;商议。

〔25〕师心自任:以心为师,自以为是。

〔26〕何可胜言:谓难以尽数列举。

〔27〕宏丽:宏伟壮丽。精华:指事物之最精粹、最优秀的部分。

〔28〕体裁:指诗文的结构及文风词藻。

〔29〕动俗:感动流俗。盖世:谓文才高出当代之上。

〔30〕俟河之清:等待黄河由浊变清,比喻期望之事不可能实现或难以实现。语出《左传·襄公八年》。

点评

　　学问属于记诵之学,不需要特别的天赋;文学写作则属于创造性思维,具有先天的优势方能写出惊世骇俗的文章。人贵有自知之明,惟有熟悉自身,方能确定自家的专业方向。否则师心自任,往往徒劳无功,甚至南辕北辙,欲益反损。

名 之 与 实[1]

《颜氏家训》

名之与实,犹形之与影也[2]。德艺周厚[3],则名必善焉;容色姝丽[4],则影必美焉。今不修身而求令名于世者[5],犹貌甚恶而责妍影于镜也[6]。上士忘名[7],中士立名[8],下士窃名[9]。忘名者,体道合德[10],享鬼神之福佑[11],非所以求名也;立名者,修身慎行[12],惧荣观之不显[13],非所以让名也[14];窃名者,厚貌深奸[15],干浮华之虚称[16],非所以得名也[17]。

注释

〔1〕选自北齐颜之推《颜氏家训》卷四《名实第十》。题目据正文拟。名之与实,即名称与实质、实际的关系问题,循名责实,认识事物与人生实践皆须遵此路向。

〔2〕形之与影:形体与影子。

〔3〕德艺:德行与才能。周厚:丰厚。

〔4〕容色:容貌神色。姝(shū殊)丽:极其美丽。

〔5〕修身:陶冶身心,涵养德性。令名:美好的声誉。

〔6〕妍(yán研)影:美丽的影像。

〔7〕上士:道德高尚的人。忘名:不慕声誉。下文"中士",谓中等德行的人;"下士",谓才德差的人。

〔8〕立名:树立名声。

〔9〕窃名:以不正当手段获得名声。

〔10〕体道合德:躬行正道,为行为合乎德尚而努力。

〔11〕"享鬼神"句:谓得到神明的赐福保佑。

〔12〕慎行:行为谨慎检点。

〔13〕荣观:犹荣名,荣誉。

〔14〕让名:把名誉让给别人。

〔15〕厚貌深奸:谓外表忠厚,内心非常奸诈。

〔16〕干(gān甘):求取。虚称:虚假的名声;空名。

〔17〕非所以得名:谓非求名的路径。

点评

　　名实问题,如影随形。名实相符,表里如一,是做人的极致;名实不符甚至名实相悖,表里不一,非小人即大奸,不足为训。上士、中士、下士之分,就是三种人对名与实的态度问题,一般人能够做到"中士立名"就已经很不错了。

士君子之处世，贵能有益于物[1]

《颜氏家训》

士君子之处世[2]，贵能有益于物耳[3]，不徒高谈虚论[4]，左琴右书[5]，以费人君禄位也[6]。国之用材，大较不过六事[7]：一则朝廷之臣[8]，取其鉴达治体[9]，经纶博雅[10]；二则文史之臣[11]，取其著述宪章[12]，不忘前古[13]；三则军旅之臣[14]，取其断决有谋[15]，强干习事[16]；四则藩屏之臣[17]，取其明练风俗[18]，清白爱民；五则使命之臣[19]，取其识变从宜[20]，不辱君命[21]；六则兴造之臣[22]，取其程功节费[23]，开略有术[24]。此则皆勤学守行者所能辨也[25]。人性有长短[26]，岂责具美于六涂哉[27]？但当皆晓指趣[28]，能守一职，便无愧耳。

吾见世中文学之士，品藻古今[29]，若指诸掌[30]，及有试用，多无所堪[31]。居承平之世[32]，不知有丧乱之祸；处庙堂之下[33]，不知有战陈之急[34]；保俸禄之资，不知有耕稼之苦；肆吏民之上[35]，不知有劳役之勤，故难可以应世经务也[36]。晋朝南渡[37]，优借士族[38]，故江南冠带[39]，有才干者，擢为令、仆已下[40]，尚书郎、中书舍人已上[41]，典掌机要[42]。其馀文义之士[43]，多迂诞浮华[44]，不涉世务。纤微过失，又惜行捶楚[45]，所以处于清高，盖护其短也[46]。至于台阁令史[47]，主书监帅[48]，诸王签省[49]，并晓习吏用[50]，济办时须[51]，纵有小人之态[52]，皆可鞭杖肃督[53]，故多见委使[54]，盖用其长也。人每不自量，举世怨梁武帝父子爱小人而疏士大夫[55]，此亦眼不能见其睫耳[56]。

梁世士大夫，皆尚褒衣博带[57]，大冠高履[58]，出则车舆，入则扶侍，郊郭之内[59]，无乘马者。周弘正为宣城王所爱[60]，给一果下马[61]，常服御之[62]，举朝以为放达[63]。至乃尚书郎乘马，则纠劾之[64]。及侯景之乱[65]，肤脆骨柔[66]，不堪步行；体羸气弱[67]，不耐寒暑。坐死仓猝者[68]，往往而然。建康令王复[69]，性既儒雅[70]，未尝乘骑，见马嘶歕陆梁[71]，莫不震慑，乃谓人曰："正是虎，何故名为马乎？"其风俗至此。

古人欲知稼穑之艰难[72]，斯盖贵谷务本之道也[73]。夫食为民天[74]，民非食不生矣，三日不粒[75]，父子不能相存。耕种之，茠锄之[76]，刈获之[77]，载积之[78]，打拂之[79]，簸扬之[80]，凡几涉手[81]，而入仓廪[82]，安可轻农事而贵末业哉[83]？江南朝士[84]，因晋中兴[85]，南渡江，卒为羁旅[86]，至今八九世，未有力田[87]，悉资俸禄而食耳[88]。假令有者[89]，皆信僮仆为之[90]，未尝目观起一墢土[91]，耘一株苗；不知几月当下[92]，几月当收，安识世间馀务乎？故治官则不了[93]，营家则不办[94]，皆优闲之过也[95]。

注释

〔1〕选自北齐颜之推《颜氏家训》卷四《涉务第十一》。题目据正文拟。涉务，谓专心致力于某种事业，属于务实的举措。本篇主要强调百官"涉农"的重要性。

〔2〕士君子：指有学问而品德高尚的人。

〔3〕物：与"我"相对的他物，这里即指社会万物。

〔4〕高谈虚论：高言空洞、不切实际的议论。

〔5〕左琴右书:谓琴与书籍,多为文人雅士清高生涯常伴之物。

〔6〕人君:君主;帝王。禄位:俸给与爵次,泛指官位俸禄。

〔7〕大较:大略;大致。

〔8〕朝廷之臣:谓在中央政府任职的官员。

〔9〕鉴达治体:谓明白通晓治国的纲领、要旨。

〔10〕经纶:整理丝缕、理出丝绪和编丝成绳,统称经纶。引申为筹划治理国家大事。博雅:谓学识渊博,品行端正。

〔11〕文史之臣:谓有文学、史学著作或知识的官员。

〔12〕著述:谓撰写或编纂事宜。宪章:典章制度。

〔13〕前古:指古代的历史。

〔14〕军旅之臣:谓有军事才能的官员。

〔15〕断决有谋:谓决断军情有魄力、谋略。

〔16〕强干习事:谓精明干练,熟谙事理。

〔17〕藩屏之臣:谓出任地方军事长官者。

〔18〕明练:谓明达纯熟。风俗:相沿积久而成的风气、习俗。

〔19〕使命之臣:谓有奉命出使任务的官员。

〔20〕识变从宜:谓了解、认识形势之变化,并能采取适宜的做法。

〔21〕不辱君命:谓不辱没帝王的使命。

〔22〕兴造之臣:谓指挥兴建营造土木建筑的官员。

〔23〕程功节费:谓衡量计算工作量,节约相关费用。

〔24〕开略有术:谓开创经营有方法。

〔25〕守行:保持好的品行。

〔26〕人性:人的本性。长短:谓高下不同。

〔27〕具美:兼备各种美好的才能,皆美。六涂:谓上述六个方面的才能。

〔28〕指趣:旨意。

〔29〕品藻:品评;鉴定。

〔30〕指诸掌:指示在掌中之物一般,形容非常容易。

〔31〕无所堪:谓不能承担大任。

195

〔32〕承平:治平相承;太平。

〔33〕庙堂:朝廷。借指以君主为首的中央政府。

〔34〕战陈:即"战阵",谓交战对阵。

〔35〕肆:谓胡作非为,无所顾忌。

〔36〕应(yìng映)世:应付世事。经务:经营事务。

〔37〕晋朝南渡:晋建兴四年(316)十一月,晋愍帝出降刘曜,西晋灭亡;此后晋室南渡,翌年三月,琅琊王司马睿在建康(今江苏南京市)即皇帝位,改元建武,是为晋元帝,史称东晋。

〔38〕优借:优待,借重。士族:泛指读书人,士类。

〔39〕江南:指长江以南的地区。冠带:指官吏、士绅。

〔40〕擢:提拔。令:即尚书令,尚书台(省)的长官,秦置,魏晋时职权渐重,属宰相一级的高官。仆:即尚书仆射(yè页)或左、右仆射,职权仅次于尚书令,可代行其事。

〔41〕尚书郎:尚书省(台)的属官。中书舍人:中书省(监)的属官。

〔42〕典掌:主管,掌管。机要:指机密重要的职位。

〔43〕文义之士:谓擅长文辞的士类。

〔44〕迂诞:迂阔荒诞;不明事理。浮华:讲究表面上的华丽或阔气,不务实际。

〔45〕惜行捶楚:谓不愿实施肉体上的责罚。捶楚,杖击或鞭打,为古代刑罚之一。

〔46〕"所以"二句:意谓之所以令这些士类身处显达高贵的地位,就是意图掩盖他们的缺点。

〔47〕台阁令史:谓尚书省掌文书案牍的官员,位于尚书郎之下。

〔48〕主书:中书省掌文书的属官。监帅:当谓殿中监帅,为宫中供奉及礼仪官。

〔49〕诸王签省:诸王府的佐吏典签与掌收发阅视文书的省事吏的合称。

〔50〕晓习:精通,熟悉。吏用:犹吏才。

〔51〕济办:谓能成功地把事办妥。时须:一时须办妥的事务。

〔52〕小人之态：谓低贱的态度。

〔53〕肃督：严加督促。

〔54〕委使：任用。

〔55〕梁武帝父子：即梁武帝萧衍与梁简文帝萧纲。萧衍（464—549），字叔达，小字练儿，南北朝时期梁朝政权的建立者，在位四十八年。前期任用陶弘景，在位颇有政绩，晚年因侯景之乱，都城陷落，被侯景囚禁，死于台城，终年八十六岁。葬于修陵，谥武皇帝，庙号高祖。萧纲（503—551），萧衍第三子，太清三年（549）即位，在位二年，为侯景所废杀，终年四十九岁，葬庄陵，谥简文，庙号太宗。

〔56〕眼不能见其睫：眼睛看不见自己的睫毛，比喻人看不见自身的缺失。语出《韩非子·喻老》。这里指梁武帝重用晓习吏用之人，而疏远士大夫，是有缘故的，而常人往往并不省悟其中缘故。

〔57〕尚：崇尚。褒（bāo 包）衣博带：宽衣大带。

〔58〕大冠：高冠。高履：即高齿木屐。

〔59〕郊郭：城市周围的地方。

〔60〕周弘正：(496—574)，字思行，汝南安城（今河南汝南东南）人。东晋光禄大夫周𫖮之九世孙，起家太学博士，迁丹阳主簿。弘正知玄象，善占候，预知侯景之乱。梁末授侍中，领国子祭酒，迁太常卿、都官尚书。仕陈，历官太子詹事、侍中、国子祭酒、尚书右仆射。年七十九卒于官，追赠侍中、中书监，谥简子。《陈书》卷二四、《南史》卷三四有传。宣城王：即萧大器（523—551），字仁宗，梁简文帝萧纲的嫡长子。中大通四年（532），封宣城郡王，食邑二千户。太清三年（549），简文帝即位后被立为皇太子。后于乱中被侯景杀害，年二十八岁。为人宽和，有器度。承圣元年（552），梁元帝即位后，追封他为哀太子。《梁书》卷八、《南史》卷五四有传。

〔61〕果下马：又称"果马""果骝"，一种矮小的马，因乘之可行于果树之下，故名。

〔62〕服御：谓驾驭车马。

〔63〕举朝：全朝廷中人。放达：豪放豁达，不拘礼俗。

197

〔64〕纠劾(hé合):举发弹劾。

〔65〕侯景之乱:谓南朝梁将领侯景发动的武装叛乱事件。侯景原为东魏叛将,被梁武帝萧衍所收留,因对梁朝与东魏通好心怀不满,于梁武帝太清二年(548)以"清君侧"为名义在寿阳(今安徽寿县)起兵叛乱,翌年攻占梁朝都城建康(今江苏南京),台城饿死梁武帝,相继拥立又废黜萧正德、萧纲(简文帝)和萧栋三个傀儡皇帝,最终于551年自立为帝,国号汉。梁湘东王萧绎起兵讨伐侯景,于552年收复建康。侯景乘船出逃,被部下所杀,叛乱平息。

〔66〕肤脆骨柔:谓肌体骨骼很不结实。

〔67〕体羸(léi雷)气弱:谓身体瘦弱,气喘吁吁。

〔68〕坐死:徒然而死。仓猝:同"仓卒",谓匆忙急迫。

〔69〕建康令王复:生平不详。建康,南朝梁都城,即今江苏南京市。

〔70〕儒雅:谓风度温文尔雅。

〔71〕嘶歕(pēn喷):谓马边嘘气,边嘶叫。歕,同"喷"。陆梁:跳跃貌。

〔72〕稼穑(sè啬):耕种和收获,这里泛指农业劳动。

〔73〕贵谷:重视粮食生产。务本:指务农。古人以农为本,以工商为末。

〔74〕食为民天:即民以食为天,谓民众以食粮为根本。

〔75〕不粒:不进颗粒,犹言绝粮。

〔76〕薅鉏(hāo chú蒿锄):除去杂草,用锄头铲土翻地。鉏,锄草翻地的农具。

〔77〕刈(yì义)获:收割;收获。

〔78〕载积:谓将收割的庄稼集中运回。

〔79〕打拂:谓庄稼的脱粒工作。拂,脱粒用的农具,即连枷。这里用如动词。

〔80〕簸扬:扬去谷物中的糠秕杂物。

〔81〕凡几涉手:总共经过几道程序。

〔82〕仓廪(lǐn凛):粮仓。

〔83〕末业:古代指手工业、商业。与称为"本业"的农业相对。

〔84〕朝士:朝廷之士,泛称中央官员。

〔85〕晋中兴:谓西晋亡后,司马睿以建康为都建立东晋,统治长江中下游与珠江流域,历十一帝,凡一百零四年,晋恭帝元熙二年(420),为匈奴族刘裕所灭。

〔86〕羁旅:指客居异乡的人。

〔87〕力田:努力耕田,泛指勤于农事。

〔88〕资:凭借;依靠。

〔89〕假令:即使。

〔90〕信:任凭。

〔91〕目观:犹目睹。墢(fá乏):耕地翻起的土块。

〔92〕下:指播种。

〔93〕治官:谓官员尽职。不了:不明了;不明白。

〔94〕营家:经营家业。不办:犹言不能。

〔95〕优闲:闲逸,安闲。

点评

　　"民以食为天",中国古代的农耕社会必然以农业立国,农为本业,工商皆为末业,属于封建社会的共识。然而两晋以来的文人士大夫醉生梦死,优游官场,懈怠已成常态;尽管八王之乱、侯景之乱已经动摇了帝王的统治基础,却仍然自命清高,自我感觉良好,于"涉务"一窍不通。在危机四伏的社会动荡中,举国上下并无丝毫忧患意识,大小官僚反而养尊处优且变本加厉。作者有感于此,写下这段家训,意在教育子弟不能随波逐流,重视"涉农"的必要性。

欲不可纵,志不可满[1]

《颜氏家训》

《礼》云:"欲不可纵,志不可满。"[2]宇宙可臻其极[3],情性不知其穷[4],唯在少欲知足,为立涯限尔[5]。先祖靖侯戒子侄曰[6]:"汝家书生门户[7],世无富贵;自今仕宦不可过二千石[8],婚姻勿贪势家[9]。"吾终身服膺[10],以为名言也。

注释

〔1〕选自北齐颜之推《颜氏家训》卷五《止足第十三》。题目据正文拟。

〔2〕"《礼》云"二句:意谓情欲不可放纵,志意不可自以为满足。语出《礼记·曲礼上》。

〔3〕宇宙:在古人的概念里,宇宙指四方上下、古往今来,既包括空间,也涵盖时间。臻其极:谓到达终极。

〔4〕情性:本性。不知其穷:谓看不到边际,意即人的欲望没有止境。

〔5〕涯限:边际;限度。

〔6〕先祖靖侯:颜之推九世祖颜含(生卒年不详),字弘都,琅琊(今山东临沂)人。历仕晋惠帝、晋元帝、晋明帝、晋成帝,因讨苏峻功,封西平县侯,拜侍中,除国子祭酒,加散骑常侍,迁右光禄大夫光禄勋。为人孝悌,居官廉谨,以年老致仕。卒年九十三,谥曰靖。《晋书》卷八八《孝友》

有传。

〔7〕门户:家庭。

〔8〕仕宦:出仕;为官。二千石(shí 实):汉制,郡守俸禄为二千石,即月俸百二十斛。世因称郡守为"二千石"。汉魏之时,仕途凶险,常以二千石作为为官上限的告诫。

〔9〕势家:有权势的人家。

〔10〕服膺(yīng 英):衷心信奉。

点评

人生在世,欲壑难填,唯有知足不辱,知止不殆,方能保泰持盈。否则巧取豪夺,日以聚敛为要务,恰如《红楼梦》中《好了歌》所云:"世人都晓神仙好,只有金银忘不了!终朝只恨聚无多,及到多时眼闭了。"至于以贪污受贿广积财产,最终被国家法办,身败名裂,就更是下焉者了!

心术不可得罪于天地[1]

《钱氏家训》

心术不可得罪于天地[2],言行皆当无愧于圣贤[3]。曾子之三省勿忘[4],程子之四箴宜佩[5]。持躬不可不谨严[6],临财不可不廉介[7]。处事不可不决断,存心不可不宽厚。尽前行者地步窄[8],向后看者眼界宽。花繁柳密处拨得开[9],方见手段;风狂雨骤时立得定[10],才是脚跟[11]。能改过则天地不怒,能安分则鬼神无权[12]。读经传则根柢深[13],看史鉴则议论伟[14]。能文章则称述多[15],蓄道德则福报厚[16]。

注释

〔1〕选自清钱文选采辑整理之《钱氏家训·个人篇》。题目据正文拟。所谓"钱氏家训",由"武肃王八训""武肃王遗训"和"钱氏家训"三部分组成。"武肃王八训"是武肃王钱镠于乾化二年(912)正月亲自订立。家训以晋代以来大族衰亡为鉴,"上承祖祢之泽,下广子孙之传",体现了钱氏家藏"金书铁券"免死牌下的严格家教。钱镠辞世前又作十条"遗训"晓谕子孙。现在半白半文版《钱氏家训》,是清末举人钱文选采辑整理过的,加入了不少后代的内容,分个人、家庭、社会、国家四个篇章,是一部饱含修身处世智慧的治家宝典,堪称钱氏家族人才辈出的传家宝。钱镠(852—932),字具美,一作巨美,小字婆留,杭州临安(今浙江临安北)人。

早年贩私盐,唐末以镇压黄巢农民军起家,任杭州刺史,逐步建立吴越割据政权,公元907—932年在位。吴越国对中原王朝皆纳贡称臣,以自保为宗旨,兴修水利,促进贸易,对于东南开发有一定积极作用。

〔2〕心术:心计,居心。

〔3〕圣贤:圣人和贤人的合称,亦泛称道德才智杰出者。

〔4〕"曾子"句:语出《论语·学而》:"曾子曰:'吾日三省吾身,为人谋而不忠乎?与朋友交而不信乎?传不习乎?'"大意是:曾子说:"我每天多次反省自己,替别人办事是否尽心竭力了呢?与朋友往来是否诚实呢?老师传授我的学业是否复习了呢?"曾子,孔子学生,名参,字子舆,南武城(今山东临沂市平邑县)人。

〔5〕"程子"句:宋程颐阐发《论语·颜渊》中孔子所谓"非礼勿视,非礼勿听,非礼勿言,非礼勿动"的教导,作"四箴",包括《视箴》《听箴》《言箴》《动箴》。程子,即程颐(1033—1107),字正叔,世称伊川先生,洛阳(今属河南)人。历官秘书省校书郎、崇政殿说书。与其兄程颢合称"二程",二程与南宋朱熹开创程朱理学。

〔6〕持躬:谓对自身言行的把握。

〔7〕廉介:清廉耿介。

〔8〕尽前行:谓一味前行,不顾后果。地步:回旋的馀地。

〔9〕花繁柳密:形容客观事物头绪繁多,错综复杂。

〔10〕风狂雨骤:形容世事变化激烈。

〔11〕脚跟:比喻立足点或立场。

〔12〕鬼神:泛指神灵、精气。无权:不能卖弄权力,是人正不怕影子斜,不会有恶报的封建思想的反映。

〔13〕经传:儒家典籍经与传的统称,传是阐释经文的著作。根柢:比喻事物的根基,基础。

〔14〕史鉴:泛称史籍。古人讲究"以史为鉴",即以历史作为镜子,吸取经验、教训,故称。

〔15〕称述:称扬述说。

〔16〕福报:福德报应。

点评

　　传自宋初的《钱氏家训》一经清末文人整理润色,就带有了明清小品文的味道,与《菜根谭》《幽梦影》等畅销一时的清言小品的文风略同。这段家训文字并不深奥,如层层剥笋,析薪破理,句句是实话,总之以儒家忠厚之道传家,这或许是历代钱氏一脉名人众多并光耀后世的重要原因。

欧阳文忠公书示子[1]

《戒子通录》

藏精于晦则明[2],养神于静则安[3]。晦所以畜用[4],静所以应动[5]。善畜者不竭,善应者无穷。此君子修身治人之术[6],然性近者得之易也[7]。

勉诸子:玉不琢,不成器;人不学,不知道[8]。然玉之为物,有不变之常,虽不琢以为器,而犹不害为玉也[9]。人之性因物则迁[10],不学则舍君子而为小人,可不念哉[11]!

与侄通理[12]:自南方多事以来[13],日夕忧汝,得昨日递中书[14],顿解忧。想欧阳氏自江南归明[15],累世蒙朝廷官禄[16],吾今又被荣显[17],致汝等并列官品[18],当思报效。偶此多事[19],如有差使,尽心向前,不得避事。至于临难死节[20],亦是汝荣事,但存心尽公,神明自佑,汝慎不可思避事也。昨书中言欲买朱砂来[21],吾不阙此物[22],汝于官下宜守廉[23],何得买官下物!吾在官所,除饮食外,不曾买一物。汝可观此为戒也。

注释

〔1〕选自宋刘清之辑《戒子通录》卷五。欧阳修(1007—1072),字永叔,号醉翁、六一居士,吉州永丰(今属江西吉安市)人,因吉州原属庐陵郡,以"庐陵欧阳修"自居。官至翰林学士、枢密副使、参知政事,累赠太

师、楚国公。卒谥文忠,世称欧阳文忠公。刘清之(1134—1190),字子澄,世称静春先生,宋临江军(治今江西清江西)人,徙居庐陵(今江西吉安)。绍兴二十七年(1157)举进士第,历知宜黄县。周必大荐于孝宗,得召对,改太常主簿。光宗即位,起知袁州。博览书传,通理学,著有《曾子内外杂篇》《训蒙新书外书》《墨庄总录》《戒子通录》等,多佚,《戒子通录》今存。《宋史》卷四三七有传。所选《欧阳文忠书示子》三则,为刘清之分别从《欧阳修集》卷一三〇《试笔·晦明说》、卷一二九《笔说·诲学说》、卷一五三《书简·与十二侄(通理)二通(之一)》(皇祐四年,1052)中选出。

〔2〕藏精于晦:即"大智若愚",谓才智极高的人不炫耀自己,表面看仿佛愚笨。精,精明,敏锐。晦,隐秘不露。

〔3〕养神:保养精神。

〔4〕畜(xù叙)用:积蓄能力。畜,通"蓄"。

〔5〕应(yìng硬)动:顺应变化。

〔6〕修身治人:陶冶身心,涵养德性以统治他人。

〔7〕性近:人的本性相接近。

〔8〕"玉不琢"四句:语出《礼记·学记》。谓玉不加工难成器皿,人不经过培养、锻炼,就难以成材。

〔9〕害:妨碍。

〔10〕迁:变更,变化。

〔11〕念:思考,考虑。

〔12〕通理:即欧阳通理(生卒年不详),字适中,欧阳修第十二侄(大排行)。以荫补太庙斋郎,历官韶州曲江主簿、象州司理参军、韶州司户参军,授鄂州武昌尉,未及任而卒。享年四十八。

〔13〕南方多事:宋仁宗皇祐四年(1052),欧阳通理任象州(今属广西)司理参军。广源州壮族首领侬智高(1025—1055)曾多次请求附宋未许,即于是年起兵反宋,破邕州(今广西南宁),建大南国,自称仁惠皇帝,改元启历(一作端懿),攻陷横、贵、龚、浔、藤、梧、封、康、端九州,进围广州。皇祐五年,宣抚使狄青等攻破之,侬智高遁入大理国,后被杀。

〔14〕递中:驿站。

〔15〕江南归明:谓宋太祖开宝八年(975)南唐后主李煜降宋,宋太宗太平兴国三年(978)吴越王钱俶归宋,南方割据政权全部消亡。归明,归服圣明之主,这里指宋太祖赵匡胤、宋太宗赵光义。

〔16〕累世:历代;接连几代。官禄:官位和俸禄。

〔17〕荣显:荣华显贵。欧阳修自天圣八年(1030)进士之后,历官加禄,曾任知谏院,知制诰等职。

〔18〕官品:指得到恩荫。

〔19〕多事:谓多事变,这里即指侬智高起兵抗宋事。

〔20〕临难:谓身当危难,常指面临死亡。死节:为保全节操而死。

〔21〕朱砂:矿物名,旧称丹砂,以湖南辰州产者为最佳,故又称辰砂。为炼汞的主要原料。色鲜红,可作颜料;亦可供药用,具有镇静、安神和杀菌等功效。

〔22〕阙(quē 缺):缺乏。

〔23〕官下:做官的处所或地方。

点评

《戒子通录》所选,第一则属自我修身之语,无非随感一类。第二则强调学习的重要性,也无特别之处。第三则则有的放矢,既担心第十二侄身居险地的安危,又勉励其"临难死节",关键时刻敢于为国捐躯,并拒绝了侄子朱砂的孝敬,一位具有儒家传统的文人士大夫形象跃然纸上。

范纯仁戒子弟言[1]

《戒子通录》

人虽至愚,责人则明;虽有聪明,恕己则昏尔[2]。但常以责人之心责己,恕己之心恕人,不患不到圣贤地位也[3]。

注释

〔1〕选自宋刘清之辑《戒子通录》卷六。范纯仁(1027—1101),字尧夫,宋吴县(今江苏苏州市)人,参知政事范仲淹次子。宋仁宗皇祐元年(1049)进士,知襄城县,累官侍御史、同知谏院,出知河中府,徙成都路转运使。元祐元年(1086)同知枢密院事,三年拜相。后以目疾乞归。卒赠开府仪同三司,谥忠宣。著有《范忠宣公全集》。《宋史》卷三一四有传。

〔2〕恕己:谓宽宥自己。

〔3〕圣贤:泛称道德才智杰出者。

点评

唐韩愈《原毁》:"古之君子,其责己也重以周,其待人也轻以约。重以周,故不怠;轻以约,故人乐为善。"责人明与恕己宽,与人固有的自私心理相关;反其道而行,方能登仁人君子之堂。作者以此训诫子弟,可谓探本之论。

梁焘家庭谈训[1]

《戒子通录》

士人修性[2],正在临事时[3]。悦意之喜[4],忿急之怒[5],皆修性着力时[6]。唯忍以自胜[7],使不失中和为贵[8]。益之曰[9]:喜怒之言勿出诸口,造次颠沛勿忘于恕[10]。又曰:子弟沉默缓畏[11],毋戏物妄笑[12],遇物和而有容[13],语言举止,务淹雅凝重[14],喜怒不形于色,然后可以为佳士[15]。

注释

〔1〕选自宋刘清之辑《戒子通录》卷六。梁焘(1034—1097),字况之,宋郓州须城(今山东东平)人,梁蒨之子,以荫为太庙斋郎。第进士,历编校秘阁书籍,出知宣州、潞州,后坐元祐党籍,贬雷州别驾、化州安置,卒于贬所,年六十四。《东都事略》卷九〇、《宋史》卷三四二有传。

〔2〕士人:士大夫。修性:养性,涵养性情。

〔3〕临事时:指遇到事情处理问题的时候。

〔4〕悦意:高兴,乐意。

〔5〕忿急:愤怒发急。

〔6〕着力:尽力;用力。

〔7〕自胜:克制自己。

〔8〕中和:中庸之道。儒家认为能"致中和",则天地万物均能各得

其所,达于和谐境界。《礼记·中庸》:"喜怒哀乐之未发谓之中,发而皆中节谓之和;中也者,天下之大本也,和也者,天下之达道也。致中和,天地位焉,万物育焉。"

〔9〕益之曰:谓进一步或进一层说。

〔10〕造次颠沛:流离困顿。恕:推己及人;仁爱待物。

〔11〕子弟:这里泛指子侄辈。沉默:深沉闲静,不轻易开口。缓畏:行动和缓而有所忧虑。

〔12〕戏物:嘲弄、开玩笑。妄笑:随便谈笑。

〔13〕和而有容:谓平和并有所包容,宽宏大量。

〔14〕淹雅:宽宏儒雅。凝重:庄重;稳重。

〔15〕佳士:品行或才学优良的人。

点评

"喜怒不形于色"在古人的话语系统中,并非刻画人的城府甚深、心机多而难测的贬义词,而是形容为人举止闲雅且平和渊默的褒义词。家教中对于自家子弟修养成为谦谦君子的向往,正是儒家中庸思想的体现。

善为人子者，常善为人父[1]

《袁氏世范》

人之父子，或不思各尽其道而互相责备者，尤启不和之渐也[2]。若各能反思则无事矣[3]。为父者曰："吾今日为人之父，盖前日尝为人之子矣。凡吾前日事亲之道，每事尽善[4]，则为子者得于见闻，不待教诏而知效[5]。倘吾前日事亲之道，有所未善，将以责其子得不有愧于心[6]？"为子者曰："吾今日为人之子，则他日亦当为人之父。今父之抚育我者如此、畀付我者如此[7]，亦云厚矣。他日吾之待其子不异于吾之父，则可以俯仰无愧[8]；若或不及[9]，非惟有负于其子，亦何颜以见其父？"然世之善为人子者，常善为人父；不能孝其亲者，常欲虐其子。此无他，贤者能自反则无往而不善[10]，不贤者不能自反，为人子则多怨，为人父则多暴。然则自反之说，惟贤者可以语此。

注释

〔1〕选自《袁氏世范》卷上。袁采（？—1195），字君载，信安（今浙江省常山县）人。宋孝宗隆兴元年（1163）进士，官至监登闻鼓院。著有《政和杂志》《县令小录》和《袁氏世范》三书，今唯后者传世，共三卷，分睦亲、处己、治家三门。

〔2〕渐：兆头，迹象。

〔3〕浙:反思:谓回想自己的思想行为,检查其中的错误。

〔4〕尽善:十分完善,无有欠缺。

〔5〕教诏:教诲;教训。

〔6〕得不:能不;岂不。

〔7〕畀(bì 必)付:付与。

〔8〕俯仰无愧:立身端正,上对天、下对人,都问心无愧。语出《孟子·尽心上》:"仰不愧于天,俯不怍于人。"

〔9〕若或:假如,如果。

〔10〕自反:反躬自问;自己反省。无往:犹言无论到哪里。

点评

　　家庭之中,父子之间不能壁垒森严,而是需要相互沟通体谅,以己度人,努力建立起一架理解的桥梁,方能上孝其父母,下育其子女。这段家训的可贵之处在于并非空洞的说教,而是深入于人反躬自问的心理层面,加以开掘,循循善诱,感人至深。

骨肉失欢[1]

《袁氏世范》

骨肉之失欢,有本于至微而终至不可解者,止由失欢之后,各自负气不肯先下尔[2]。朝夕群居,不能无相失,相失之后,有一人能先下气与之话言[3],则彼此酬复[4],遂如平时矣。宜深思之。

注释

〔1〕选自《袁氏世范》卷上。骨肉:比喻至亲,意指父母、兄弟、子女等亲人。失欢:犹失和。

〔2〕负气:犹赌气。下:居人之下。

〔3〕下气:谓退一步而摆出态度恭顺平心静气的样子。话言:说话。

〔4〕酬复:应答,对答。

点评

家庭之中骨肉失和,怨恨之深,有时超出路人间可能产生的闲隙,其原因在于矛盾双方皆以为对方应当无偿付出,一旦有所疏失,极易矛盾丛生,不可遏止。其实在亲情中并无所谓脸面的问题,只要一人打破僵局,一切就会迎刃而解。这段家训用平易的文字道出了家庭中的"负气"之害,发人深省。

操履与升沉[1]

《袁氏世范》

操履与升沉,自是两途。不可谓操履之正,自宜荣贵[2];操履不正,自宜困阨[3]。若如此,则孔、颜应为宰辅[4],而古今宰辅达官不复小人矣[5]。盖操履自是吾人当行之事,不可以此责效于外物[6];责效不效则操履必怠[7],而所守或变,遂为小人之归矣[8]。今世间多有愚蠢而享富厚,智慧而居贫寒者,皆有一定之分[9],不可致诘[10]。若知此理,安而处之,岂不省事。

注释

〔1〕选自《袁氏世范》卷中。操履:操守。升沉:旧时谓仕途得失进退。

〔2〕荣贵:荣华富贵。

〔3〕困阨(è饿):同"困厄",谓困苦危难。

〔4〕孔颜:即孔子与颜渊。孔子,即孔丘(前551—前479),字仲尼,儒家学说的开创者。颜渊,即颜回,孔子最得意的门生。宰辅:辅政的大臣,旧时一般指宰相一类的高官。

〔5〕达官:这里泛指高官。小人:人格卑鄙的人。

〔6〕责效:求取成效。外物:身外之物,多指利欲功名之类。

〔7〕怠:懈怠;懒惰。

〔8〕归:结局;归宿。
〔9〕分(fèn奋):缘分;命数。
〔10〕致诘:究问;推究。

点评

　　"死生有命,富贵在天"(《论语·颜渊》),儒家思想对于所谓"操履与升沉"的宿命早有定论,虽不免消极,却也道出了专制时代"黄钟毁弃,瓦釜雷鸣"的逆淘汰机制下,有真才实学的人才的几许无奈。不过,这则家训"安而处之"即随遇而安的达观处世观念,有"只问耕耘,不问收获"的大度,并非毫无积极意义。

处己接物四心[1]

《袁氏世范》

处己接物而常怀慢心、伪心、妒心、疑心者[2],皆自取轻辱于人[3],盛德君子所不为也[4]。慢心之人,自不如人而好轻薄[5],人见敌己以下之人及有求于我者[6],面前既不加礼[7],背后又窃讥笑[8],若能回省其身[9],则愧汗浃背矣[10]。伪心之人,言语委曲若甚相厚[11],而中心乃大不然[12],一时之间,人所信慕[13],用之再三,则踪迹露见,为人所唾去矣。妒心之人,常欲我之高出于人,故闻有称道人之美者[14],则忿然不平,以为不然;闻人有不如人者,则欣然笑快[15]。此何加损于人,只厚怨耳[16]。疑心之人,人之出言未尝有心,而反复思绎[17],曰此讥我何事,此笑我何事,则与人缔怨常萌于此[18]。贤者闻人讥笑,若不闻焉,此岂不省事。

注释

〔1〕选自《袁氏世范》卷中。处己接物即如何正确认识自己,找到与他人相处的最佳途径。下面所述"四心"则是有碍于"处己接物"的四种阴暗心理,必须去除。

〔2〕慢心:轻慢之心。伪心:虚伪之心。妒心:即忌妒心,谓对才能、名誉、地位或境遇比自己好的人心怀怨恨。疑心:猜疑之心。

〔3〕轻辱:轻慢凌辱。
〔4〕盛德:敬称有高尚品德的人。
〔5〕轻薄:谓对人不尊重;态度傲慢。
〔6〕敌己:谓与自己不相上下者。
〔7〕加礼:以礼相待。
〔8〕窃:暗地里。讥笑:讥讽嘲笑。
〔9〕回省:自我反省。
〔10〕愧汗浃(jiā 加)背:谓因羞愧而遍身出汗。
〔11〕委曲:形容文词转折而含蓄。相厚:彼此交情深厚。
〔12〕中心:心中。大不然:非常不一样。
〔13〕信慕:信奉仰慕。
〔14〕称道:称述;赞扬。
〔15〕欣然笑快:因讥笑他人而生喜悦之心。
〔16〕厚怨:谓加深怨恨。
〔17〕思绎:思索寻求。
〔18〕缔怨:结下怨仇。萌:产生。

点评

　　如何更好地处理好人际关系问题,属于儒家思想中的重要内容。待人接物去除"四心",真正做到真诚坦荡,又谈何容易！这则家训对于如何认为人处世剖析入微,娓娓道来,很有说服力。

建宅与卖宅[1]

《袁氏世范》

起家之人见所作事无不如意[2],以为智术巧妙如此[3],不知其命分偶然[4]。志气洋洋[5],贪取图得,又自以为独能久远,不可破坏,岂不为造物者所窃笑[6]!盖其破坏之人,或已生于其家,曰子、曰孙,朝夕环立于其侧者。他日为父祖破坏生事之人[7],恨其父祖目不及见耳。

前辈有建第宅[8],宴工匠于东庑曰[9]:"此造宅之人。"宴子弟于西庑曰:"此卖宅之人。"后果如其言。近世士大夫有言:"目所可见者,漫尔经营[10];目所不及见者,不须置之谋虑[11]。"此有识君子知非人力所及,其胸中宽泰与蔽迷之人如何[12]?

注释

〔1〕选自《袁氏世范》卷中。

〔2〕起家:兴家立业;成名发迹。

〔3〕智术:才智与计谋。

〔4〕命分:犹命运。

〔5〕志气:志向和气概。洋洋:自得貌。

〔6〕造物者:特指创造万物的神。

〔7〕生事:这里指生计产业。

〔8〕前辈:谓年辈长、资历深的人。

〔9〕东庑:正房东边的廊屋。古代以东为上首,位尊。

〔10〕漫尔:随意貌。经营:规划营治。

〔11〕谋虑:谋划;考虑。

〔12〕宽泰:宽舒安泰。蔽迷:谓蒙蔽迷惑。

点评

　　"君子之泽,五世而斩",古人对于富贵传家难以赓续有着清醒的认识。上辈人创业艰苦卓绝,下辈人背靠大树好乘凉,失去了奋发图强的动力;若再遇吃喝嫖赌的不肖子孙,败光祖先的产业也不足为奇。袁采清醒地认识到"建宅与卖宅"家族悲剧的难以避免,正是"有识君子"。这正如孔尚任《桃花扇》中《离亭宴》一曲所唱:"眼看他起朱楼,眼看他宴宾客,眼看他楼塌了。"

日日改过[1]

《了凡四训》

汝之命,未知若何。即命当荣显[2],常作落寞想[3];即时当顺利,常作拂逆想[4];即眼前足食,常作贫窭想[5];即人相爱敬,常作恐惧想;即家世望重[6],常作卑下想[7];即学问颇优,常作浅陋想[8]。远思扬祖宗之德,近思盖父母之愆[9];上思报国之恩,下思造家之福[10];外思济人之急,内思闲己之邪[11]。

务要日日知非[12],日日改过。一日不知非,即一日安于自是[13];一日无过可改,即一日无步可进。天下聪明俊秀不少,所以德不加修,业不加广者,只为因循二字耽阁一生[14]。

云谷禅师所授立命之说[15],乃至精至邃[16],至真至正之理,其熟玩而勉行之[17],毋自旷也[18]。

注释

〔1〕选自明袁了凡《了凡四训》第一篇《立命之学》。袁了凡(1533—1606),即袁黄,初名表,后改名黄,字庆远,又字坤仪、仪甫,初号学海,后改了凡,后人常以其号"了凡"称之,原籍嘉善(今属浙江嘉兴),生于吴江(今属江苏)。明万历十四年(1586)三甲第一九三名进士,历官宝坻知县、兵部职方主事,罢归乡里,著述以终。天启元年(1621)以东征功勋追赠尚宝司少卿。袁了凡于佛学、农业、水利、医学、音乐、几何、数

术、教育、军事、历法等领域皆有造诣,著有《祈嗣真诠》《皇都水利》《评注八代文宗》《两行斋集》等达二十馀种之多。作为明朝重要思想家,袁了凡又是迄今所知中国第一位具名的善书作者。其《了凡四训》融通儒、道、佛三家思想,禅学与理学交会,劝人积善改过,以治心为主,为加强自我修养,提倡记"功过格",曾被誉为"东方第一励志奇书"。袁了凡虽信"命",但又不听天由命,他用亲身经历,告诫世人要自强不息,广行善事就可以改造命运。

〔2〕荣显:荣华显贵。

〔3〕落寞:落拓,潦倒。

〔4〕拂逆:违背,不顺利。

〔5〕贫窭(jù具):贫乏,贫穷。

〔6〕望重:名望大。

〔7〕卑下:低贱。

〔8〕浅陋:谓见闻狭隘,见识贫乏。

〔9〕盖父母之愆(qiān谦):谓修德行善以弥补父母过去之失误。语本《书·蔡仲之命》:"尔尚盖前人之愆,唯忠唯孝。"

〔10〕造家之福:为家庭造福。

〔11〕闲己之邪:防止自己走向邪恶。

〔12〕知非:省悟以往的错误。

〔13〕自是:自以为是。

〔14〕因循:疏懒;怠惰;闲散。耽阁:同"耽搁",谓延误。

〔15〕云谷禅师:即云谷会禅师(1500—1575),明代僧人,嘉善胥山(今浙江嘉兴)人,俗姓怀,法号法会,又号云谷。幼出家于大云寺。常思"出家以生死大事为切,何以碌碌衣食计为",遂决志参方,登坛受具。寓居金陵天界毗卢阁三年,复至摄山栖霞,结茅于千佛岭下。特揭唯心净土法门。生平任缘,未尝树立门庭,诸山但有禅讲道场,常请云谷为方丈。云谷即举扬百丈规矩,务明先德风范,不少假借。明末袁了凡与憨山德清颇钦服其为人。云谷于万历三年(1575)示寂,世寿七十五,僧腊五十。立命之说:属于融佛、儒两者的一种性命之学说。

〔16〕至精至邃(suì 岁):谓极其精深。

〔17〕熟玩:认真钻研。勉行:努力去做。

〔18〕自旷:谓自我荒废。

点评

  在《了凡四训》中,《立命之学》为第一篇,实则撰写于其晚年,较其后"三训"的写作时间为迟。所选一则有明确的针对性,即为训其子袁俨(原名天启,1581—1627)而作。其首所列六对相互矛盾的念头,皆以后者为佳,处世的价值选择未免悲观,然而常怀人生忧患意识,也未始不是奋进的动力。据《了凡四训》第一篇《立命之学》,隆庆三年(1569)袁了凡到南京栖霞寺拜访云谷禅师,禅师告他"命由我作,福自己求",并说:"凡祈天立命,都要从无思无虑处感格。孟子论立命之学,而曰:'夭寿不贰。'夫夭寿,至贰者也。当其不动念时,孰为夭,孰为寿?细分之,丰歉不贰,然后可立贫富之命;穷通不贰,然后可立贵贱之命;夭寿不贰,然后可立生死之命。人生世间,惟死生为重,曰夭寿,则一切顺逆皆该之矣。至'修身以俟之',乃积德祈天之事。曰修,则身有过恶,皆当治而去之;曰俟,则一毫觊觎,一毫将迎,皆当斩绝之矣。到此地位,直造先天之境,即此便是实学。汝未能无心,但能持《准提咒》,无记无数,不令间断,持得纯熟,于持中不持,于不持中持。到得念头不动,则灵验矣。"作者一再标榜的云谷禅师所谓"命由我作,福自己求",对于今天的芸芸众生,也是有积极意义的格言,不可漠然视之。

改过之法[1]

《了凡四训》

　　《春秋》诸大夫见人言动[2],亿而谈其祸福[3],靡不验者[4],《左》《国》诸记可观也[5]。大都吉凶之兆萌乎心而动乎四体[6],其过于厚者常获福[7],过于薄者常近祸,俗眼多翳[8],谓有未定而不可测者。至诚合天[9],福之将至,观其善而必先知之矣。祸之将至,观其不善而必先知之矣。今欲获福而远祸,未论行善,先须改过。但改过者:

　　第一要发耻心[10]。思古之圣贤与我同为丈夫,彼何以百世可师[11],我何以一身瓦裂[12]?耽染尘情[13],私行不义[14],谓人不知,傲然无愧,将日沦于禽兽而不自知矣;世之可羞可耻者,莫大乎此。孟子曰[15]:"耻之于人大矣。"[16]以其得之则圣贤,失之则禽兽耳。此改过之要机也[17]。

　　第二要发畏心[18]。天地在上,鬼神难欺,吾虽过在隐微[19],而天地鬼神实鉴临之[20],重则降之百殃[21],轻则损其现福,吾何可以不惧?不惟是也。闲居之地,指视昭然[22],吾虽掩之甚密,文之甚巧[23],而肺肝早露[24],终难自欺,被人觑破[25],不值一文矣,乌得不懔懔[26]?不惟是也。一息尚存,弥天之恶[27],犹可悔改。古人有一生作恶,临死悔悟,发一善念,遂得善终者。谓一念猛厉[28],足以涤百年之恶也。譬如千年幽谷,一灯才照,则千年之暗俱除。故过不论久近，惟以改为贵。但尘世无常，肉身易殒，一息不属[29]，欲改无由矣。明则千百年担负恶名，虽孝子慈孙，不能洗涤；幽则千百劫沉沦狱报[30]，虽圣贤佛菩萨不能援引[31]。乌得不畏？

　　第三须发勇心[32]。人不改过，多是因循退缩；吾须奋然振作，不用迟疑，不烦等待。小者如芒刺在肉[33]，速与抉剔[34]；大者如毒蛇啮指，速与斩除，无丝毫凝滞[35]，此风雷之所以为益也[36]。

　　具是三心，则有过斯改[37]，如春冰遇日，何患不消乎？然人之过，有从事上改者，有从理上改者，有从心上改者。工夫不同，效验亦异。如前日杀生，今戒不杀；前日怒詈[38]，今戒不怒。此就其事而改之者也。强制于外[39]，其难百倍，且病根终在，东灭西生，非究竟廓然之道也[40]。

　　善改过者，未禁其事，先明其理。如过在杀生，即思曰：上帝好生，物皆恋命，杀彼养己，岂能自安？且彼之杀也，既受屠割，复入鼎镬[41]，种种痛苦，彻入骨髓。己之养也，珍膏罗列[42]，食过即空。疏食菜羹，尽可充腹，何必戕彼之生[43]，损己之福哉？又思血气之属，皆含灵知[44]，既有灵知，皆我一体；纵不能躬修至德[45]，使之尊我亲我，岂可日戕物命，使之仇我憾我于无穷也？一思及此，将有对食痛心，不能下咽者矣。

　　如前日好怒，必思曰：人有不及，情所宜矜[46]。悖理相干[47]，于我何与[48]？本无可怒者。又思天下无自是之豪杰[49]，亦无尤人之学问[50]。行有不得，皆己之德未修，感未至也。吾悉以自反[51]，则谤毁之来[52]，皆磨炼玉成之地[53]，我将欢然受赐，何怒之有？又闻谤而不怒，虽谗焰熏天[54]，如举火焚空，终将自息。闻谤而怒，虽巧心力辩，如春蚕作茧，自取缠绵[55]。怒不惟无益，且有害也。其馀种种过恶，皆当据理思之。此理既明，过将自止。

何谓从心而改?过有千端,惟心所造,吾心不动,过安从生?学者于好色、好名、好货、好怒种种诸过[56],不必逐类寻求,但当一心为善,正念现前,邪念自然污染不上。如太阳当空,魍魉潜消[57],此精一之真传也[58]。过由心造,亦由心改,如斩毒树,直断其根,奚必枝枝而伐,叶叶而摘哉?

大抵最上治心[59],当下清净,才动即觉,觉之即无。苟未能然,须明理以遣之。又未能然,须随事以禁之。以上事而兼行下功[60],未为失策[61]。执下而昧上[62],则拙矣。

顾发愿改过[63],明须良朋提醒,幽须鬼神证明。一心忏悔[64],昼夜不懈,经一七、二七[65],以至一月、二月、三月,必有效验。或觉心神恬旷[66],或觉智慧顿开,或处冗沓而触念皆通[67],或遇怨仇而回瞋作喜[68]。或梦吐黑物,或梦往圣先贤提携接引,或梦飞步太虚,或梦幢幡宝盖,种种胜事,皆过消灭之象也[69]。然不得执此自高[70],画而不进[71]。

昔蘧伯玉当二十岁时[72],已觉前日之非而尽改之矣。至二十一岁,乃知前之所改未尽也。及二十二岁,回视二十一岁,犹在梦中。岁复一岁,递递改之[73],行年五十,而犹知四十九年之非。古人改过之学如此。

吾辈身为凡流[74],过恶猬集[75],而回思往事,常若不见其有过者,心粗而眼翳也。然人之过恶深重者,亦有效验:或心神昏塞[76],转头即忘;或无事而常烦恼;或见君子而赧然消沮[77];或闻正论而不乐;或施惠而人反怨[78];或夜梦颠倒,甚则妄言失志[79]。皆作孽之相也[80]。苟一类此,即须奋发,舍旧图新,幸勿自误。

注释

〔1〕选自明袁了凡《了凡四训》第二篇《改过之法》。此选为第二篇全篇。

〔2〕《春秋》:编年体史书名。相传孔子据鲁史修订而成。所记起于鲁隐公元年,止于鲁哀公十四年,凡二百四十二年。叙事极简,用字寓褒贬。为其做传者,以《左氏》《公羊》《穀梁》最著。大(dà 达去声)夫:古职官名。周代在国君之下有卿、大夫、士三等;各等中又分上、中、下三级。后因以大夫为任官职者之称。言动:言行。

〔3〕亿:臆测,预料。祸福:灾殃与幸福。

〔4〕靡不验者:谓没有不应验的。靡,副词,不,没,表示否定。

〔5〕《左》:即《左传》,全称《春秋左氏传》,相传是春秋末年鲁国史官左丘明根据鲁国国史《春秋》编成,记叙范围起自鲁隐公元年(前722),迄于鲁哀公二十七年(前468)。《国》:即《国语》,是关于西周、春秋时周、鲁、齐、晋、郑、楚、吴、越八国人物、事迹、言论的国别史杂记,也叫《春秋外传》。

〔6〕大都:大概;大抵。吉凶之兆:有关祸福的征兆。萌:开始。四体:四肢。

〔7〕厚:敦厚,厚道。与下文"薄",即虚假刻薄、不诚朴宽厚对举。

〔8〕俗眼:浅薄势利的世俗人的眼睛。翳(yì 义):原指目疾引起的障膜,比喻被遮蔽。

〔9〕至诚:古儒家指道德修养的最高境界。合天:合乎自然;合乎天道。

〔10〕耻心:知耻之心。

〔11〕百世可师:谓人的品德学问可以永远作为后代的表率。语出《孟子·尽心下》:"圣人,百世之师也。"

〔12〕瓦裂:像瓦片一般碎裂。比喻分裂或崩溃破败。

〔13〕耽染:沉湎沾染。尘情:犹言凡心俗情。

〔14〕私行不义:指私下里做了不符合"义"的事。

〔15〕孟子:名轲(约前372—前289),字子舆,邹(今山东邹城市)人。

孔子之孙孔伋(子思)的再传弟子,战国时期著名的思想家、教育家,儒家学派的代表人物。与孔子并称"孔孟"。

〔16〕耻之于人大矣:语出《孟子·尽心上》,指羞耻对于人关系重大。

〔17〕要机:犹要旨。

〔18〕畏心:敬畏之心。

〔19〕隐微:隐约细微处。

〔20〕鉴临:审察,监视。

〔21〕降之百殃:谓降下各种灾难。语出《尚书·伊训》:"作善,降之百祥;作不善,降之百殃。"

〔22〕指视:手指着看。语本《礼记·大学》:"十目所视,十手所指。"昭然:明白貌。

〔23〕文:掩饰;粉饰。

〔24〕肺肝:比喻内心。

〔25〕觑(qù 去)破:看透;看穿。觑,看。

〔26〕乌:疑问副词。何,哪里。懔懔(lǐn 凛):危惧貌;戒慎貌。

〔27〕弥天:满天。这里形容极大。

〔28〕猛厉:犹猛烈。气势盛,力量大。

〔29〕一息不属(zhǔ 主):一口气息连接不上,谓死亡。

〔30〕劫:佛教名词,梵文的音译,"劫波"的略称,意为极久远的时节。古印度传说世界经历若干万年毁灭一次,重新再开始,这样一个周期叫做一"劫"。沉沦:陷入。狱报:谓打入地狱受苦的报应。

〔31〕佛菩萨:泛指佛经中的一切救苦救难的佛陀。援引:救助,提引。

〔32〕勇心:勇猛果敢之心。

〔33〕芒刺:草木茎叶、果壳上的小刺。

〔34〕抉剔:搜求挑去。

〔35〕凝滞:黏滞;停止流动。

〔36〕"此风雷之所以为益"句:语本《易·益》:"《象》曰:风雷,《益》。君子以见善则迁,有过则改。"风雷,风与雷,比喻威猛的力量或急

剧变化的形势。

〔37〕斯:副词。皆;尽。

〔38〕怒詈(lì 利):愤怒责骂。

〔39〕强制于外:谓因外部压力而强行改过。

〔40〕究竟:佛教语。犹言至极,即佛典里所指最高境界。《大智度论》卷七二:"究竟者,所谓诸法实相。"廓然:阻滞尽除貌。

〔41〕鼎镬(huò 获):鼎和镬,古代两种烹饪器。

〔42〕珍膏:谓美味佳肴。

〔43〕戕(qiāng 腔):残害,杀害。

〔44〕灵知:灵觉。

〔45〕躬修:亲自修行。

〔46〕矜(jīn 今):怜悯;同情。

〔47〕悖(bèi 背)理相干:谓违逆事理而加冒犯。

〔48〕于我何与:犹言与我何益。

〔49〕自是:自以为是。豪杰:指才能出众的人。

〔50〕尤人:责怪他人。

〔51〕自反:反躬自问;自己反省。

〔52〕谤毁:诽谤,诋毁。

〔53〕玉成:意谓助之使成,即成全之意。

〔54〕谗焰熏天:比喻谗言如火,气势极盛。

〔55〕"春蚕作茧,自取缠绵"二句:犹言作茧自缚。缠绵,固结不解;萦绕。

〔56〕好(hào 浩)色:贪爱女色。好(hào 浩)名:爱好名誉;追求虚名。好(hào 浩)货:贪爱财物。

〔57〕魍魉(wǎng liǎng 网两):古代指影子外层的淡影,光的衍射物。

〔58〕精一:指道德修养的精粹纯一。语出《书·大禹谟》:"人心惟危,道心惟微,惟精惟一,允执厥中。"孔传:"危则难安,微则难明,故戒以精一,信执其中。"真传:犹嫡传。

〔59〕治心:修养自身的"心",即上文所述的耻心、畏心、勇心。

〔60〕上事:意谓"最上治心"。下功:意谓"明理以遣之"与"随事以禁之"。

〔61〕失策:策略上有错误;谋划不当。

〔62〕执下而昧上:意谓只求"明理以遣之"与"随事以禁之"而罔顾"最上治心"。

〔63〕顾:但是。

〔64〕忏悔:原为佛教语,指认识了错误或罪过而感到痛心。

〔65〕一七:犹一周,泛指七天。二七:犹二周,泛指十四天。

〔66〕心神恬旷:心境开旷,精神愉悦。

〔67〕冗(rǒng 容上声)沓:繁复拖沓。触念皆通:谓心念所及都豁然开朗。

〔68〕怨仇:指怨恨仇视的人或事。回瞋(chēn 嗔)作喜:转怒为喜。瞋,瞋心,佛教语,谓忿怒怨恨的意念。

〔69〕"或梦吐黑物"六句:以梦中兆现的美景,来启示改过的效验。这些征兆,出自佛典,《显密圆通成佛心要集》卷上:"真言行者用功持诵,或梦见诸佛菩萨圣僧天女,或梦见自身腾空自在,或渡大海,或浮江河,或上楼台高树,或登白山,或乘师子、白马、白象,或梦见好华果,或梦见着黄衣、白衣沙门,或吃白物吐黑物,或吞日月等,即是无始罪灭之相。"飞步太虚,谓梦在空中疾步而行。幢幡(chuáng fān 床帆):指佛教所用的旌旗。从头安宝珠的高大幢竿下垂,建于佛寺之前。分言之则幢指竿柱,幡指所垂长帛。宝盖,佛道仪仗的伞盖。胜事,梦中所见的美好景象。消灭,谓恶事苦恼之消灭。象,征兆,迹象。

〔70〕自高:自傲;抬高自己。

〔71〕画:截止;停止。《论语·雍也》:"力不足者,中道而废,今女画。"三国魏何晏集解引孔安国曰:"画,止也……今女自止耳,非力极。"

〔72〕蘧(qú 瞿)伯玉:名瑗,字伯玉,春秋时卫国的贤臣,以改过自新而知名。《论语·宪问》中记:"蘧伯玉使人于孔子,孔子与之坐而问焉,曰:'夫子何为?'对曰:'夫子欲寡其过而未能也。'使者出,子曰:'使乎!使乎!'"《淮南子·原道训》中言:"凡人中寿七十岁,然而趋舍指凑,日以

229

月悔也,以至于死。故蘧伯玉年五十,而有四十九年非。何者?先者难为知,而后者易为攻也。"此段即从这两则衍生而论。

〔73〕递递:连续貌。

〔74〕凡流:平凡之人;庸俗之辈。

〔75〕过恶:错误与罪恶。猬集:聚集;多而集中。

〔76〕昏塞(sè涩):昏愦闭塞;昏聩。

〔77〕赧(nǎn南上声)然:惭愧脸红貌。消沮(jǔ举):沮丧。

〔78〕施惠:给人以恩惠。

〔79〕妄言:胡言乱语。失志:恍恍惚惚,失去神智。

〔80〕作孽:遭罪受苦。

点评

　　改过属于儒家思想中较为重要的范畴,"三省吾身"而外,更强调"过而不改,是谓过矣"。袁了凡这篇《改过之法》提出所谓"耻心""畏心""勇心"的"三心"说,又进而主张"最上治心"的原则,融合了佛家的用功持诵法,体现了唐宋以来儒、释、道三教合一的历史进程。尽管作者所提改过之法有不适合于今人之处,然而从自我修身的角度而言,其积极意义仍灼然可见,值得肯定。

积善之方[1]

《了凡四训》

何谓端曲[2]？今人见谨愿之士[3]，类称为善而取之[4]；圣人则宁取狂狷[5]。至于谨愿之士，虽一乡皆好，而必以为德之贼[6]。是世人之善恶[7]，分明与圣人相反。推此一端，种种取舍，无有不谬。天地鬼神之福善祸淫[8]，皆与圣人同是非[9]，而不与世俗同取舍。凡欲积善，决不可徇耳目[10]，惟从心源隐微处[11]，默默洗涤[12]。纯是济世之心[13]，则为端；苟有一毫媚世之心[14]，即为曲。纯是爱人之心，则为端；有一毫愤世之心[15]，即为曲。纯是敬人之心，则为端；有一毫玩世之心[16]，即为曲。皆当细辨。何谓阴阳[17]？凡为善而人知之，则为阳善；为善而人不知，则为阴德[18]。阴德，天报之；阳善，享世名。名，亦福也。名者，造物所忌，世之享盛名而实不副者，多有奇祸[19]；人之无过咎而横被恶名者[20]，子孙往往骤发[21]，阴阳之际微矣哉[22]。

注释

〔1〕节选自《了凡四训》第三篇《积善之方》。积善，即累积善行。

〔2〕端曲：谓正直与邪僻。

〔3〕谨愿：指表面上谨厚诚实之人，实即"乡愿"之人，详见后文。

〔4〕类：率，皆；大抵。

〔5〕狂狷:指志向高远的人与拘谨而有所操守的人。语出《论语·子路》:"子曰:'不得中行而与之,必也狂狷乎!狂者进取,狷者有所不为也。'"

〔6〕"至于谨愿之士"三句:意谓"谨愿之士"就是孔子所说的"乡愿"之人,是乡里貌似谨厚而实与流俗合污的伪善者。《论语·阳货》载:"子曰:'乡愿,德之贼者也。'"乡愿,或作"乡原",《孟子·尽心下》释"乡原"云:"非之无举也,刺之无刺也。同乎流俗,合乎污世。居之似忠信,行之似廉絜,众皆悦之,自以为是,而不可与入尧、舜之道,故曰'德之贼'也。"可参考。

〔7〕善恶:指对人评价的好坏与褒贬。

〔8〕福善祸淫:谓赐福给为善的人,降祸给作恶的人。

〔9〕同是非:谓对于正确与错误的判断同一。

〔10〕徇耳目:意谓谋求令人耳闻目见而行善。徇,谋求;营求。

〔11〕心源:犹心性。佛教视心为万法之源,故称。

〔12〕洗涤:意谓清洗、除掉恶习杂念等。

〔13〕济世:救世;济助世人。

〔14〕媚世:求悦于当世。

〔15〕愤世:愤恨世事的不平。

〔16〕玩世:谓以不严肃的态度对待生活。

〔17〕阴阳:这里谓不欲人知的行善与公开招摇的行善相互对立的两种行为模式。

〔18〕阴德:暗中做的有德于人的事。《淮南子·人间训》:"有阴德者必有阳报,有阴行者必有昭名。"

〔19〕奇祸:难以预测的灾祸。

〔20〕过咎(jiù旧):过失;错误。横(hèng恒去声):意外,突然。

〔21〕骤发:谓突然发达起来。

〔22〕微:精深;奥妙。

点评

　　力劝世人积善行德，《易·坤·文言》"积善之家，必有馀庆；积不善之家，必有馀殃"早开其端，道家《老子》也有"天网恢恢，疏而不失"的警示，佛家因果报应说传入华夏，更令《尚书》中的"福善祸淫"四字深入人心。此文显然也有融儒、释、道而一之的用心。宋叶梦得《岩下放言》卷下："以圣人之道在有心无心之间……仁义，无心于为则顺人之性，有心于为则乱人之性。"为善的最高境界则是排除功利目的的无心为之，类似于此文中的"阴德"。

谦德之效[1]

《了凡四训》

《易》曰:"天道亏盈而益谦;地道变盈而流谦;鬼神害盈而福谦;人道恶盈而好谦。"[2]是故《谦》之一卦,六爻皆吉[3]。《书》曰:"满招损,谦受益。"[4]予屡同诸公应试,每见寒士将达[5],必有一段谦光可掬[6]。辛未计偕[7],我嘉善同袍凡十人[8],惟丁敬宇宾年最少[9],极其谦虚。予告费锦坡曰[10]:"此兄今年必第[11]。"费曰:"何以见之?"予曰:"惟谦受福。兄看十人中,有恂恂款款[12],不敢先人[13],如敬宇者乎?有恭敬顺承[14],小心谦畏[15],如敬宇者乎?有受侮不答,闻谤不辩,如敬宇者乎?人能如此,即天地鬼神犹将佑之,岂有不发者[16]?"及开榜[17],丁果中式[18]。

丁丑在京[19],与冯开之同处[20],见其虚己敛容[21],大变其幼年之习。李霁岩直谅益友[22],时面攻其非[23],但见其平怀顺受[24],未尝有一言相报。予告之曰:"福有福始,祸有祸先,此心果谦,天必相之[25],兄今年决第矣。"已而果然[26]。

赵裕峰光远[27],山东冠县人,童年举于乡[28],久不第[29]。其父为嘉善三尹[30],随之任。慕钱明吾而执文见之[31],明吾悉抹其文[32],赵不惟不怒,且心服而速改焉。明年,遂登第。

壬辰岁[33],予入觐[34],晤夏建所[35],见其人气虚意下[36],

谦光逼人。归而告友人曰："凡天将发斯人也,未发其福,先发其慧。此慧一发,则浮者自实[37],肆者自敛[38]。建所温良若此,天启之矣[39]。"及开榜,果中式。

注释

〔1〕选自明袁了凡《了凡四训》第四篇《谦德之效》。谦德,即谦虚、俭约之德。

〔2〕"天道亏盈"四句:语出《易·谦》的《象辞》,谦意为"不满",与盈的"满"相对。三句意为:《谦》卦,天之道减少满的而增加虚的,地之道改变满的而流向不满的,鬼神损害满的而加福荫于虚的,人之道憎恶满的而爱好虚的。

〔3〕六爻(yáo摇)皆吉:《周易》中组成卦的符号称爻,分为阳爻和阴爻。每三爻合成一卦,可得八卦,称为经卦;两卦(六爻)相重则得六十四卦,称为别卦。爻含有交错和变化之意。阳爻为"九",阴爻为"六"。《谦》卦六爻为艮下坤上,从下往上数,为"初六""六二""九三""六四""六五""上六",其爻辞分别为"吉""贞吉""吉""扐谦"(发奋而谦)"无不利""鸣谦"(有声望而谦)等字样,故称"皆吉"。

〔4〕"满招损"二句:语出《尚书·虞书·大禹谟》。

〔5〕寒士:谓贫苦的读书人。

〔6〕谦光:即"谦,尊而光",谓谦虚处于尊位而显示其光明美德。语本《易·谦》:"谦,尊而光,卑而不可踰。"可掬:可以用手捧住,形容情状明显。

〔7〕辛未:即明穆宗隆庆五年(1571)。计偕:明人称举人赴京参加会试。

〔8〕嘉善:今属浙江嘉兴市,为作者原籍。同袍:这里当指浙江乡试同年考中的举人。

〔9〕丁敬宇宾:即丁宾(1543—1633),字礼原,号敬宇,又号改亭,嘉善人。隆庆五年(1571)三甲第四十七名进士,官句容令,擢御史,以忤张

居正去官。后起南京大理寺丞,擢南京工部尚书。致仕卒,年九十一,谥清惠。著有《丁清惠公遗集》。《明史》卷二二一有传。

〔10〕费锦坡:即费朝宪,号锦坡。举人。其馀不详。

〔11〕第:指科举时代经考试而得中。这里谓经会试、殿试考中进士。

〔12〕恂恂:温顺恭谨貌。款款:和乐貌。

〔13〕先人:谓先于人,争先恐后而不知谦退。

〔14〕顺承:顺从承受。

〔15〕谦畏:谦逊敬慎。

〔16〕发:指科举考试应考中选。

〔17〕开榜:这里指礼部会试开榜,中式者称贡士。贡士随后参加殿试,一般皆可以获中进士。

〔18〕中式:旧称科举考试合格。《明史·选举志二》:"以举人试之京师,曰会试。中式者,天子亲策于廷,曰廷试,亦曰殿试。分一、二、三甲以为名第之次。一甲止三人,曰状元、榜眼、探花,赐进士及第。二甲若干人,赐进士出身。三甲若干人,赐同进士出身。"丁宾考中隆庆五年(1571)进士。袁了凡考中明神宗万历十四年(1586)进士(榜名袁黄),已在丁宾中进士十五年之后。

〔19〕丁丑:即明神宗万历五年(1577)。

〔20〕冯开之:即冯梦祯(1546—1605),字开之,秀水(今属浙江)人。万历五年会试第一,殿试二甲第三名进士,历官翰林院编修、南京国子监祭酒,以中蜚语归。著有《快雪堂集》。同处:这里谓作者与冯梦祯一同在京师参加会试。

〔21〕虚己:犹虚心,即谦虚,不自满。敛容:正容,谓显出端庄的脸色。

〔22〕李霁岩:生平不详。直谅:正直诚信。语出《论语·季氏》:"益者三友……友直,友谅,友多闻,益矣。"益友:指结交有益的朋友。

〔23〕面攻其非:谓当面指责他的缺点、过错。

〔24〕平怀:谓心态平和。顺受:顺从地接受。

〔25〕天必相之:谓天佑善人。相(xiàng像),帮助,保佑。

〔26〕已而:后来。

〔27〕赵裕峰光远:即赵光远(生卒年不详),号裕峰,冠县(今属山东聊城市)人。明神宗万历十七年(1589)三甲第一一〇名进士。

〔28〕举于乡:谓考中山东乡试举人。

〔29〕久不第:谓很久会试未中式。

〔30〕三尹:当谓县主簿(编户二十里以上之县设),秩正九品,位在知县、县丞之下,故别称"三尹"。主簿与县丞同为知县的佐贰官,分掌本县粮马、巡捕之事。据《嘉善县志》,赵光远的父亲赵克念万历十四年(1586)任嘉善主簿。

〔31〕钱明吾:即钱吾德(生卒年不详),字湛如,明吾或为其号,嘉善人。隆庆四年(1570)举人,历官河北迁安县令、福建泰宁县令、江西宁州县令,为官清廉,卒年八十一。万历初,钱吾德与袁了凡及秀水冯梦祯有"嘉兴府三名家"之誉。

〔32〕抹:这里当谓大面积地涂抹文字,这在古代文人间属于不客气的做法。

〔33〕壬辰岁:即万历二十年(1592)。

〔34〕入觐(jìn 晋):指地方官员入朝朝见帝王。

〔35〕晤(wù 误):见面;会见。夏建所:即夏九鼎(生卒年不详),字台卿,号建所,嘉善人。万历二十年(1592)三甲第一七二名进士。

〔36〕气虚意下:谓为人低调,虚怀若谷。

〔37〕浮者:谓浮躁之人。

〔38〕肆者:谓放肆而不受拘束的人。

〔39〕天启:谓天开其福,语出《左传·闵公元年》。

点评

  谦虚谨慎在任何社会都是难能可贵的品德,孔子主张"君子无所争",正是儒家赞美谦逊美德的一种表达方式。袁了凡将谦虚与科举功名联系起来,显然融入了佛家的因果报应,这又与作者的生平经历密切相关。据《了凡四训》第一篇《立命之学》的叙述,袁了凡凭借自身的艰苦努力改变运命,并终于在他五十四岁时考中进士,已带有相当的神秘色彩,这就无怪乎他将谦德与功名紧密联系在一起了。其实读书人有谦德是学问到一定程度后自信的外在表现,而自信又往往是成功的保证。若从这一角度认识谦德之效,其积极意义就更能凸显了。

善欲人见，不是真善[1]

《朱子治家格言》

黎明即起，洒扫庭除[2]，要内外整洁；既昏便息[3]，关锁门户，必亲自检点。一粥一饭，当思来处不易；半丝半缕，恒念物力维艰[4]。宜未雨而绸缪[5]，毋临渴而掘井[6]。自奉必须俭约[7]，宴客切勿留连[8]。器具质而洁，瓦缶胜金玉[9]；饮食约而精，园蔬胜珍馐[10]。勿营华屋[11]，勿谋良田。

三姑六婆[12]，实淫盗之媒；婢美妾娇，非闺房之福[13]。奴仆勿用俊美，妻妾切忌艳妆。祖宗虽远，祭祀不可不诚[14]；子孙虽愚，经书不可不读[15]。居身务期质朴，教子要有义方[16]。勿贪意外之财，勿饮过量之酒。

与肩挑贸易[17]，勿占便宜；见贫苦亲邻，须多温恤[18]。刻薄成家，理无久享；伦常乖舛[19]，立见消亡。兄弟叔侄，须多分润寡[20]；长幼内外，宜法肃辞严[21]。听妇言，乖骨肉[22]，岂是丈夫；重资财，薄父母，不成人子。嫁女择佳婿，毋索重聘[23]；娶媳求淑女[24]，毋计厚奁[25]。见富贵而生谄容者[26]，最可耻；遇贫穷而作骄态者，贱莫甚。

居家戒争讼[27]，讼则终凶[28]；处世戒多言，言多必失。毋恃势力而凌逼孤寡[29]，勿贪口腹而恣杀牲禽[30]。乖僻自是[31]，悔误必多；颓惰自甘[32]，家道难成[33]。狎昵恶少[34]，久必受其累；

屈志老成[35]，急则可相依。轻听发言，安知非人之谮诉[36]，当忍耐三思[37]；因事相争，安知非我之不是，须平心再想[38]。施惠勿念[39]，受恩莫忘。凡事当留馀地，得意不宜再往。人有喜庆，不可生妒忌心；人有祸患，不可生喜幸心[40]。

善欲人见，不是真善；恶恐人知，便是大恶。见色而起淫心，报在妻女；匿怨而用暗箭[41]，祸延子孙。家门和顺，虽饔飧不继[42]，亦有馀欢；国课早完[43]，即囊橐无馀[44]，自得至乐[45]。读书志在圣贤，非徒科第[46]；为官心存君国[47]，岂计身家。守分安命[48]，顺时听天[49]。为人若此，庶乎近焉[50]。

注释

〔1〕选自清朱用纯《朱子治家格言》。朱用纯（1627—1698），字致一，号柏庐，昆山（今属江苏）人。著名理学家、教育家。明诸生，入清后隐居教读，居乡教授学生，潜心治学，以程朱理学为本，提倡知行并进，躬行实践。著有《治家格言》《愧讷集》《大学中庸讲义》等。

〔2〕洒扫：先洒水在地上浥湿灰尘，前后清扫。庭除：庭院。

〔3〕昏：天刚黑的时候；傍晚。

〔4〕恒：长久，经常。物力：可供使用的物资。

〔5〕未雨而绸缪：语本《诗·豳风·鸱鸮》，原谓趁天还没下雨，就把窝巢缠捆牢固，后用来比喻事先做好预防、准备工作。

〔6〕临渴而掘井：临到渴时方才凿井。比喻平时无备，事到临头才想办法。

〔7〕自奉：谓自身日常生活的供养。俭约：俭省；节约。

〔8〕留连：指过于留心琢磨。

〔9〕瓦缶（fǒu 否）：小口大腹的瓦器，泛指粗劣的炊具、餐具等。金玉：比喻珍贵和美好的器皿。

〔10〕珍馐（xiū 羞）：谓珍美的肴馔。

〔11〕营：营造。华屋：华丽的房舍。

〔12〕三姑六婆:三姑指尼姑、道姑、卦姑;六婆指牙婆、媒婆、师婆、虔婆、药婆、稳婆。见明陶宗仪《辍耕录·三姑六婆》。

〔13〕闺房:内室,常指女子的卧室。这里借指妻室。

〔14〕祭祀:祀神供祖的仪式。

〔15〕经书:指《四书》《五经》,属于儒家经典。

〔16〕义方:行事应该遵守的规范和道理。

〔17〕肩挑:谓挑担的做小本经营的小商小贩。贸易:做交易,买卖。

〔18〕温恤(xù 序):体贴抚慰。

〔19〕伦常:人与人相处的常道,特指古代社会的伦理道德。古人认为这种道德所规范的君臣、父子、夫妇、兄弟、朋友五种关系,即五伦,是不可改变的常道。乖舛(chuǎn 喘):谬误;错乱。

〔20〕多分润寡:意谓兄弟或叔侄之间要相互帮助,扶危济困,生活较为富裕的要照顾较为贫困者。

〔21〕法肃辞严:意谓家庭要有严格的家规,相互言语庄重不轻佻。

〔22〕乖骨肉:谓令父母兄弟等至亲分离。

〔23〕重聘:谓丰厚的订婚彩礼。

〔24〕淑女:贤良美好的女子。

〔25〕厚奁(lián 连):谓丰厚的陪嫁衣物等。

〔26〕谄(chǎn 产)容:谄媚的表情。

〔27〕争讼:因争论而诉讼。

〔28〕讼则终凶:谓若兴讼结果不会吉利。

〔29〕凌逼:欺凌威逼。孤寡:孤儿寡妇。

〔30〕恣(zì 自)杀:随意宰杀。牲禽:谓家畜与家禽。

〔31〕乖僻自是:反常怪僻,自以为是。

〔32〕颓惰自甘:衰颓怠惰,心甘情愿。

〔33〕家道:成家之道,指家庭赖以成立与维持的规则和道理。

〔34〕狎昵(xiá nì 侠逆):亲近;亲昵。恶少:品行恶劣的年轻男子。

〔35〕屈志:谓曲意迁就,抑制意愿。老成:指年高有德的人。

〔36〕谮(zèn 怎去声)诉:谗毁攻讦。

〔37〕三思:再三思考。语出《论语·公冶长》:"季文子三思而后行。"

〔38〕平心:使心情平和;态度冷静。

〔39〕施惠:给人以恩惠。

〔40〕喜幸:欢喜庆幸。

〔41〕匿怨:对人怀恨在心而不表现出来。暗箭:暗中射出的箭。常比喻暗中伤人的阴谋、行为。

〔42〕饔飧(yōng sūn 拥孙):早饭和晚饭,泛指饭食。

〔43〕国课:犹国赋。

〔44〕橐囊(tuó 驼):装粮食的袋子。

〔45〕至乐:最大的快乐。

〔46〕科第:指科举考试。

〔47〕君国:君王与国家。

〔48〕守分(fèn 奋):安守本分。安命:安于命运。

〔49〕顺时:谓顺应时宜;适时。听天:任凭老天安排。

〔50〕庶乎:差不多。

点评

　　《朱子治家格言》自清初以来流传甚广,文人士大夫几乎家家奉为圭臬,民国间还曾一度成为童蒙必读课本之一,影响极大。作为一篇阐明儒家修身齐家之道的家训名作,其中一些联语也的确脍炙人口,如:"一粥一饭,当思来处不易;半丝半缕,恒念物力维艰。"便于记诵,朗朗上口,具有不胫而走的效力。

后　记

　　《诗》云:"匪面命之,言提其耳。"家训谦德敷化,肇始周公;懿范嘉则垂芳,轰传孟母。随云飘霈,见润泽之易流;顺风吹篪,聆徽音而自远。是以螽斯衍庆,家膺五福;葵藿逞心,堂享三寿。漱芳六艺,信忠厚之传家;滋熙八音,钦诗书其继世。利他克己,李密愿为人兄;追远慎终,陈思每称家父。彰善瘅恶,修齐自在心中;借箸运筹,治平始于足下。整齐门内,提撕子孙。李下瓜田,尤当谨慎;暗室屋漏,更须防闲。治家端守素风,洁身克承廉誉。书田无税,自得郇公美厨;荆树有花,再开石家锦障。横逆困穷,当念剥极将复;荣达富贵,亦思贞下起元。事有始终,志不可满;物有本末,乐不可极。东坡有谓"悟此世之泡幻,藏千里于一斑",而"橘中之乐,不减商山",是欤,非欤?

　　元亨利贞四德,化育万物;甲乙丙丁诸部,澄怀千年。其不可偷,惟是青毡旧物;未有所忓,何来绨袍故人?淳风渺茫,德心直须克广;世道沦致,好音更待弘通。葛君云波,主政人文古典,责令中国传统家训之选,敢不夙夜?惟"宅心知训",尚需"侧身修行"。《诗》云:"战战兢兢,如临深渊,如履薄冰。"践履恭勤,斯为得之。

　　是为记。

丁酉暮秋赵伯陶记于京北天通楼

知 识 链 接

【名家论家训】

一、传统家训家规的主要社会功能

　　民之生,尽黄帝、炎帝之后也,尽圣者之后也。蔟而有国,毂而有家,各私其子孙。夫使私其子孙,乃各欲其子若孙之贤也,起中古家天下之圣人而问之,不易此心矣;又使天下有子孙者,皆如此心,天下后世,庶几少不肖之人矣乎!起黄帝、炎帝而问之,不易此心矣。欲子孙之必贤,有道乎?曰:圣者弗能。无已,姑称祖父之心,而明惠之以言,则有二术焉:曰家法,曰家训。家法,有形者也;家训,无形者也。家法,如王者之有条教号令;家训,如王者之有条教号令之意。家训,以训子孙之贤而智者;家法,以齐子孙之愚不肖者。

——龚自珍:《怀宁王氏族谱序》

　　家训家规是我国古代以家庭为范围的道德教育形式,也是中华道德文化传承的一种方式。我国历史上流传下来的家训家规,始作者多是文化名人或有名的官员,社会影响较为广泛。这些家训家规的功能远远超出对本家族的教育作用,而成为社会教育的一种独特形式,为社会提供了家庭教育范本和楷模。尤其是这些家训家规对其家族的繁衍发展起到了重要保障作用,容易引起后世更多人的关注和效法,从而使得这些家族内的训规成为道德教育的普遍教材。正如王锡爵家训序所说,"一时之语,可以守之百世;一家之语,可以共之天下"。

我国古人早就提出,治家的关键是不能"有爱无教""有爱无礼",强调要"以义方训其子,以礼法齐其家"(司马光《家范》),对妻子儿女都要教之以礼、训之以义;主张"人之爱子,但当教之以孝悌忠信……明父子、君臣、夫妇、昆弟、朋友之节"(陆九韶《家制》)。家规严谨、家风朴厚、家教严正,是古代士大夫的治家理想,对今天领导干部管好家庭、管好子女也有启示意义。古代家训不只强调以五伦为中心的规范规矩,同时也强调道德修养,推崇忠孝节义、尊尚礼义廉耻。例如,张之洞的家训便始于"治家"而终于"修身"。很多家训重视为官之德,也重视常行之德。金华胡氏家训"为官当以家国为重,以忠孝仁义为上",杨慎遗训"临利不敢先人,见义不敢后身",张氏家训"一言一行,常思有益于人,唯恐有损于人"等,至今仍脍炙人口。

俗语云:国有国法,家有家规。家训家规的首要功能是"齐家",即对家庭进行有序治理,重视其规范功能。在儒家传统中,修身是齐家的基础,齐家又是治国平天下的前提。《周易》的《家人》卦说"正家而天下定矣",一个人不能治家也就难以治国。家训家规的另一个重点是"修身",即家训家规不仅提供行为规范、重视约束,更强调道德修身、德性养成,把家庭作为道德训练和培养的基本场所,认为有了在家庭中培养起来的道德意识作为基础,就可以推之于社会实践的其他范围。《颜氏家训》说制定家训的宗旨是"整齐门内,提撕子孙",整齐门内就是齐家治家,提撕子孙就是道德训导。家训家规都是家教的具体形式,家风则不是形诸文字的具体训导,而是一种文化,是在家庭实际生活中形成并传承的一种风尚。家训家规是有形的规范,家风则是无形的传统。在实际生活中,家风的形成、传衍有赖于家训家规的传承发扬。

——陈来:《从传统家训家规中汲取优良家风滋养》,
2017年1月26日《人民日报》第7版

二、批判地继承和弘扬传统家训家规文化

家庭是社会的细胞。古代家训家规的出发点是维护家庭和家族的有序和谐与繁衍发展,其实际教训功能包括树立基本价值观、培养道德意识、造就人格美德。这使得它们成为古代以礼为教道德文化的重要组成部分,也成为中华道德文化传承在社会层面的保证。批判地继承和弘扬这一具有特色的历史文化遗产,具有重要现实意义。我国古人的家教特别重视道德养成和价值观引导,尤其突出传统美德教育。这些都是值得重视的经验,应当继承发扬。当然,由于历史的局限,有些家训家规的内容已经过时。对待古代家训家规,我们应取其精华、去其糟粕,批判地继承和弘扬。

——陈来:《从传统家训家规中汲取优良家风滋养》,
2017年1月26日《人民日报》第7版

【学习思考】

元明清的戏曲、小说中多有反映家风、家教的作品,它们与家训之间有没有什么联系呢?

【延伸阅读书目】

《中华家训大观》,陆林主编,安徽人民出版社1994年版。
《家训辑览》,张艳国编著,武汉大学出版社2007年版。

《中华家训经典全书》,陈明主编,张舒、丛伟注释,新星出版社2015年版。

(裴喆 编写)